"十二五"职业教育国家规划教材

经全国职业教育教材审定委员会审定

# 机械CAD/CAM

## (CAXA)

主　编　汪荣青

副主编　胡　茜

参　编　邱建忠　　洪卫飞

主　审　戴乃昌

机械工业出版社

CHINA MACHINE PRESS

本书是经全国职业教育教材审定委员会审定的"十二五"职业教育国家规划教材,是根据教育部于2014年公布的中等职业学校相关专业教学标准编写而成的。本书从机械零件的设计与加工实际出发,在内容选择上,以典型零件为主线,突出实用性,从软件、产品设计和加工三个方面进行了详细的介绍。全书共分八个项目,包括CAD/CAM软件介绍、CAXA制造工程师造型设计、CAXA制造工程师曲面造型设计、CAXA制造工程师实体特征造型、认识数控加工,CAXA制造工程师数控加工、孔加工、图像浮雕加工。在内容的安排上,从学习认知的规律出发,由简到繁,循序渐进,力求使读者通过学习和练习达到熟练使用CAXA制造工程师软件的目的。在编写方式上,本书图文并茂、通俗易懂,使学习者易于上手和提高操作技能。

　　本书实用性强,举例丰富,可作为中等职业学校机械CAD/CAM课程教材,也可作为各类比赛、培训用教材。

　　为便于教学,本书配套有电子教案、助教课件等教学资源,选择本书作为教材的教师可来电(010-88379197)索取,或登录www.cmpedu.com网站,注册、免费下载。

**图书在版编目(CIP)数据**

机械CAD/CAM/ 汪荣青主编 . —北京:机械工业出版社,2015.10
(2024.7 重印)
"十二五"职业教育国家规划教材
ISBN 978-7-111-51351-3

Ⅰ.①机... Ⅱ.①汪... Ⅲ.①机械设计–计算机辅助设计–中等专业学校–教材②机械制造–计算机辅助制造–中等专业学校–教材 Ⅳ.①TH122②TH164

中国版本图书馆CIP数据核字(2015)第197400号

机械工业出版社(北京市百万庄大街22号 邮政编码100037)
策划编辑:王佳玮 责任编辑:王莉娜 王佳玮 武 晋
封面设计:张 静 责任校对:刘怡丹 责任印制:常天培
固安县铭成印刷有限公司印刷
2024年7月第1版第10次印刷
184mm×260mm · 16.25 印张 · 401 千字
标准书号:ISBN 978-7-111-51351-3
定价:49.00元

电话服务 网络服务
客服电话:010-88361066 机 工 官 网:www.cmpbook.com
　　　　　010-88379833 机 工 官 博:weibo.com/cmp1952
　　　　　010-68326294 金 书 网:www.golden-book.com
**封底无防伪标均为盗版** 机工教育服务网:www.cmpedu.com

　　本书是根据教育部《关于中等职业教育专业技能课教材选题立项的函》(教职成司［2012］95 号)，由全国机械职业教育教学指导委员会和机械工业出版社联合编写的"十二五"职业教育国家规划教材，是根据教育部于 2014 年公布的中等职业学校相关专业教学标准编写而成的。

　　机械 CAD/CAM 技术被广泛用于装备制造、汽车零部件、军工、基础建设、模具加工等各个领域，其代表性软件很多，如 UG、Pro/E、PowerMILL、MasterCAM、EdgerCAM、CATIA 及 CAXA 制造工程师等。其中，CAXA 制造工程师是国产软件，是由中国北京数码大方科技有限公司出品的 CAD/CAM 系统，其功能强大、易学易用、工艺性好、代码质量高，且价格便宜，因此被越来越多地应用到国内的各行各业。

　　CAXA 制造工程师为更多领域的专业人员带来了强大的三维设计和制造功能：

　　(1) 工业设计　在设计过程的概念部分，采用 CAXA 实体设计进行产品方案设计。

　　(2) 工程设计和生产　在工业、机械、建筑、民用及其他许多工程领域中，利用 CAXA 实体设计可进行机电产品设计、金属构件和工具模具等产品设计。

　　(3) 产品设计和包装　利用 CAXA 实体设计，可进行生活消费品和工业品及其包装的设计。

　　日常生活中，到处都可以见到三维计算机画面。当你观看一种新型汽车的广告时，很难分辨所展示的图像到底是一辆实实在在汽车的照片，还是计算机模型的图片。

　　CAXA 实体设计将简单和精致结合在一起。通过 CAXA 实体设计的图素、色彩、纹理及其他工具，可以很容易地进行三维零件的设计，只需简单地将它们从 CAXA 实体设计的设计元素库中拖出，然后放到 CAXA 实体设计零件设计环境中即可。

　　本书由汪荣青任主编，胡茜任副主编，邱建忠、洪卫飞参加了本书的编写。戴乃昌任主审。

　　本书经全国职业教育教材审定委员会审定，评审专家对本书提出了宝贵的建议，在此对他们表示衷心的感谢！本书的编写得到了广大专家的热情支持，他们提出了很多的宝贵建议，在此深表感谢。由于编者水平和经验有限，书中不妥之处在所难免，敬请读者批评指正。

编　者

# 目 录

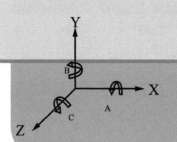

# 项目一

# CAD/CAM 软件介绍

## 项目描述

### 情景导入

随着现代加工工业的迅速发展，数控技术给制造业带来了革命性的影响。传统的手工制图和机械加工已经不能满足越来越复杂的产品零件的要求，即使是数控加工中的手工编程也越来到越不能实现产品的多样化。如何在短期内完成高效、复杂的零件三维设计，如何高速、高效地加工出所需要的零件，成了机械加工领域的新挑战。在这些因素的影响下，一大批三维设计与加工软件被广泛应用到各个领域：

CAD——计算机辅助设计，是 Computer（计算机）Aided（辅助）Design（设计）的简称。

CAM——计算机辅助制造，是 Computer（计算机）Aided（辅助）Manufacturing（制造）的简称。

CAD 解决的是设计问题和零件几何造型问题。

CAM 解决的是制造问题，即如何把 CAD 零件模型通过数控机床加工出来。通过计算机进行模型的设计是基础，通过计算机进行辅助制造是零件加工的中期，把程序导入数控机床进行加工是进行零件加工的后期。因此，计算机辅助设计和制造是零件从设计到加工的关键技术。

### 项目目标

- 了解 CAD/CAM 相关软件的特点，领会国内外 CAD/CAM 软件的工作流程。
- 了解 CAXA 制造工程师 2013 的使用特点。
- 掌握 CAXA 制造工程师 2013 软件的启动方法。
- 掌握 CAXA 制造工程师 2013 软件快捷键的使用方法。
- 掌握 CAXA 制造工程师 2013 软件坐标系及图层的设置方法。

## 任务一　　安装 CAXA 制造工程师软件

### 任务描述

安装并配置 CAXA 制造工程师 2013 软件。

### 任务实施

CAXA 制造工程师 2013 软件的安装与其之前版本的安装方法基本相同，32 位和 64 位系统的安装软件是不一样的，详细的安装步骤如下：

如果计算机上已经安装有以前版本的 CAXA 软件，则需要先进行卸载，重启计算机后方可进行软件的安装。

1）双击"CAXA 制造工程师 2013R2 32bit"压缩文件，在窗口中双击"AUTORUN.EXE"文件，如图 1-1 所示。

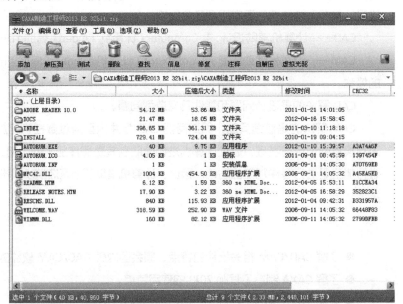

图1-1　安装文件包

2）解压相关安装文件，如图 1-2 所示，系统将自动进入安装界面。

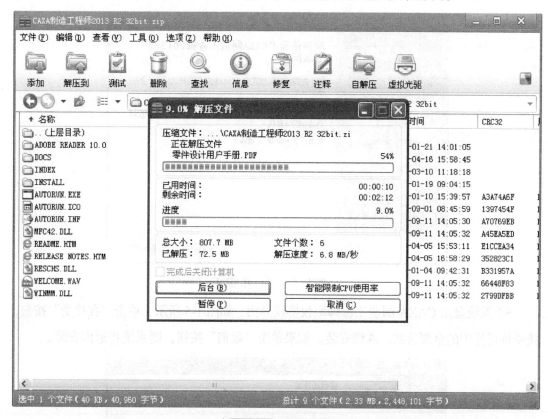

**图1-2** 解压文件

3）自动准备完成后，系统将自动打开 CAXA 制造工程师 2013 的安装主界面，如图 1-3 所示。选择"制造工程师安装"，系统将进入安装步骤。

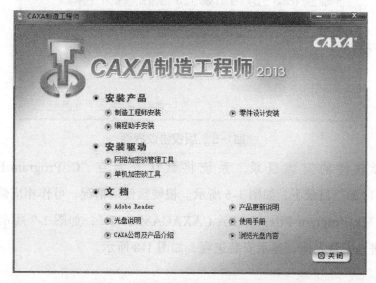

**图1-3** CAXA制造工程师2013的安装主界面

4）单击"下一步"按钮，继续进行安装，如图 1-4 所示。

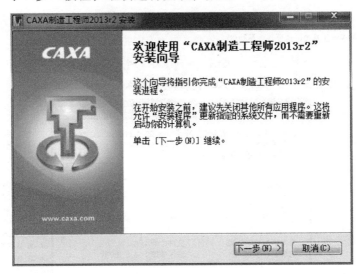

**图1-4** 下一步安装

5）系统显示 CAXA 制造工程师版权协议界面，如图 1-5 所示，单击"我接受"按钮，接受许可证中的全部条款，继续安装。如果单击"取消"按钮，则系统将退出安装。

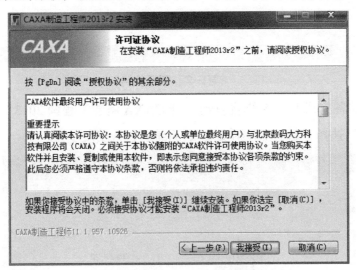

**图1-5** 版权协议界面

6）选择软件的安装目录，系统将默认安装在"C:\Program Files\CAXA\CAXACAM\11.1\"目录下，如图 1-6 所示。视硬盘使用情况，可作相应修改，如修改安装目录为"D:\Program Files\CAXA\CAXACAM\11.1\"，如图 1-7 所示。单击"安装"按钮，进入安装界面，显示安装进程，如图 1-8 所示。

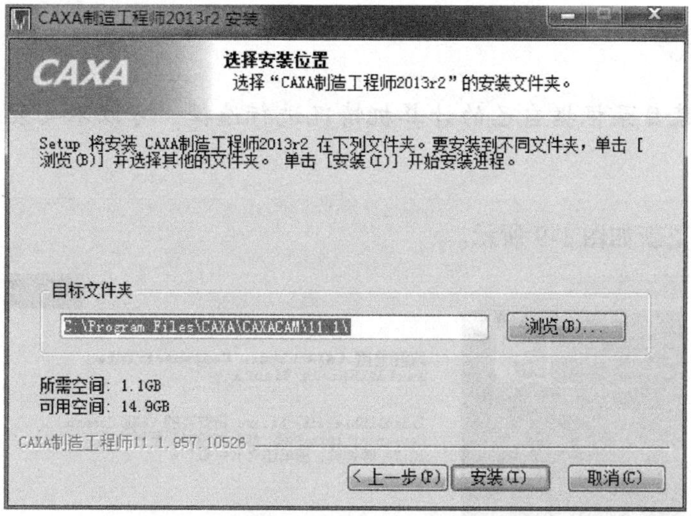

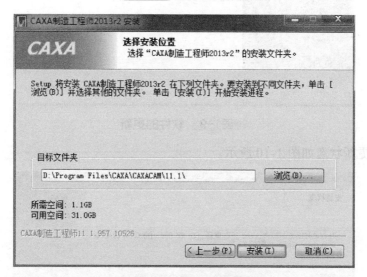

图1-6　默认安装目录

图1-7　修改安装目录

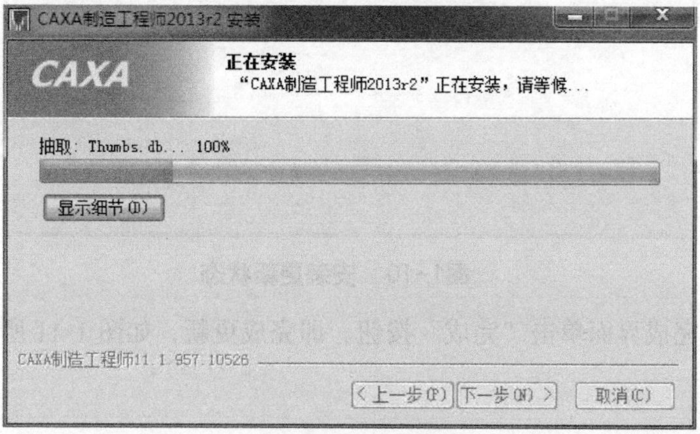

图1-8　安装进程

 注 意

软件的安装目录根据自己的计算机情况进行选择，可以不安装在C盘，选择D盘或E盘。

7）软件的更新如图1-9所示。

图1-9　软件的更新

8）安装更新状态如图1-10所示。

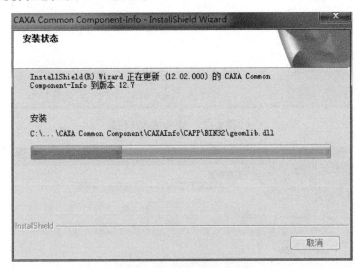

图1-10　安装更新状态

9）在更新完成界面单击"完成"按钮，即完成更新，如图1-11所示。

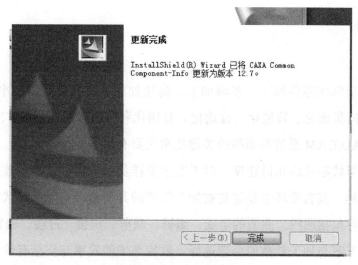

图1-11 软件更新完成

10）在"正在完成'CAXA 制造工程师 2013r2'安装向导"界面单击"完成"按钮，完成安装任务，如图 1-12 所示。

图1-12 完成安装向导

11）生成桌面快捷方式，如图 1-13 所示。

图1-13 桌面快捷方式

## 国内外常用CAD/CAM软件分析

为适应复杂形状零件加工、多轴加工、高速加工、高精度和高效率加工的要求，数控编程技术向集成化、智能化、自动化、易用化和面向车间编程等方向发展。

在开发 CAD/CAM 系统时面临的关键技术主要有以下几方面。

（1）复杂形状零件的几何建模　对于基于图样及曲面特征点测量数据的复杂形状零件的数控编程，其首要环节是建立被加工零件的几何模型。复杂形状零件几何建模的主要技术内容包括曲线、曲面的生成、编辑、裁剪、拼接、过渡、偏置等。

（2）加工方案与加工参数的合理选择　数控加工的效率与质量有赖于对加工方案与加工参数的合理选择，其中，刀具、刀轴控制方式、进给路线和进给速度的自动优化选择与自适应控制是近年来重点研究的问题。其目标是在满足加工要求、机床正常运行和一定刀具寿命的前提下，具有尽可能高的加工效率。

（3）生成刀具轨迹　生成刀具轨迹是复杂形状零件数控加工中最重要，也是研究最为广泛、深入的内容，能否生成有效的刀具轨迹直接决定着加工的可能性、质量与效率。刀具轨迹生成的首要目标是使所生成的刀具轨迹满足无干涉、无碰撞、轨迹光滑、切削负荷光滑、代码质量高等要求。同时，刀具轨迹生成还应符合通用性好、稳定性好、编程效率高、代码量小等条件。

（4）数控加工仿真　尽管目前在工艺规划和刀具轨迹生成等技术方面已取得了很大进展，但由于零件形状的复杂多变及加工环境的复杂性，要确保所生成的加工程序不存在任何问题仍十分困难。其中，最重要的问题是加工过程中的过切与欠切、机床各部件之间的干涉碰撞等。对于高速加工，这些问题常常是致命的。因此，实际加工前采取一定的措施对加工程序进行检验并修正是十分必要的。数控加工仿真通过软件模拟加工环境、刀具路径与材料切除过程来检验并优化加工程序，具有柔性好、成本低、效率高且安全可靠等特点，是提高编程效率与质量的重要措施。

（5）后置处理　后置处理是数控加工编程技术的一个重要内容，它将通用前置处理生成的刀位数据转换成适合于具体机床数据的数控加工程序。其技术内容包括机床运动学建模与求解、机床结构误差补偿、机床运动非线性误差校核修正、机床运动平稳性校核修正、进给速度校核修正及代码转换等。因此，有效的后置处理对于保证加工质量、效率与机床的可靠运行具有重要作用。

目前，商品化的 CAD/CAM 软件比较多，应用情况也各有不同。CAD 软件主要分为两大类，见表 1-1。表 1-2 列出了国内常用 CAM 软件的基本情况。

表 1-1 CAD 软件的分类及特点

|  | 二维 CAD | 三维 CAD |
|---|---|---|
| 特点 | 以绘制平面几何图形为主，适用于工程图的绘制及二维几何零件的设计 | 不仅可以绘制二维平面图形，而且可以对三维零件进行 3D 几何造型 |
| 软件品牌 | 国内：北京数码大方科技有限公司（CAXA）开发的电子图板 | 国内：北京数码大方科技有限公司（CAXA）开发的制造工程师 |
|  | 国外：美国 Autodesk 公司出品的 AutoCAD | 国外：Siemens PLM Software 公司出品的 UG 软件。其功能强大，在大型软件中加工能力最强，支持 3~5 轴的加工 |

表 1-2 国内常用 CAM 软件的基本情况

| 软件名称 | 基本情况 |
|---|---|
| CATIA | IBM 公司下属的 Dassault 公司出品的 CAM/CAD/CAE 一体化大型软件，其功能强大，支持 3~5 轴的加工，支持高速加工，由于相关模块比较多，因此学习掌握时间较长 |
| Pro/Engineer (Pro/E、CREO) | 美国 PTC 公司出品的 CAM/CAD/CAE 一体化大型软件，其功能强大，支持 3~5 轴的加工，同样由于相关模块比较多，因此学习掌握需要较多的时间 |
| Unigraphics（UG） | Siemens PLM Software 公司出品的 CAM/CAD/CAE 一体化大型软件，其功能强大，在大型软件中加工能力最强，支持 3~5 轴的加工，由于相关模块比较多，需要较多的时间来学习掌握 |
| Cimatron | 以色列 CIMATRON 公司出品的 CAD/CAM 集成软件，相对于大型软件来说是一个中端的专业加工软件，支持 3~5 轴的加工，支持高速加工，在模具行业应用广泛 |
| PowerMILL | 英国 Delcam Plc 公司出品的专业 CAM 软件，是唯一一个与 CAD 系统相分离的 CAM 软件，其功能强大，是加工策略非常丰富的数控加工编程软件，目前支持 3~5 轴的铣削加工，支持高速加工 |
| MasterCAM | 美国 CNC Software Inc. 公司开发的 CAD/CAM 系统，是最早在微机上开发应用的 CAD/CAM 软件，用户数量最多，许多学校都广泛使用此软件作为机械制造及 NC 程序编制的范例软件 |
| EdgeCAM | 英国 Planit 公司开发的一个中端的 CAD/CAM 系统 |
| CAXA 制造工程师 | 北京数码大方科技有限公司出品的 CAD/CAM 系统，其功能强大、易学易用、工艺性好、代码质量高，且价格便宜 |

其他的 CAD/CAM 软件还有很多，不同的国家都有自己的品牌，国内常用的 CAD/CAM 软件已经在表 1-2 中列出，还有一些 CAM 软件因为目前国内用户数量比较少，所以没有列出。

## 任务描述

启动 CAXA 制造工程师 2013 软件，熟悉 CAXA 制造工程师 2013 软件的操作界面。

## 任务实施

1. CAXA 制造工程师 2013 软件的启动

CAXA 制造工程师 2013 软件的启动和其他软件一样，有很多种方式。其中，通过桌面快捷方式，启动较为方便，如图 1-13 所示。

（1）CAXA 实体设计启动

1）在 Windows 任务栏单击"开始"按钮。

2）在"任务"列表中，选择所有"程序"选项。

3）在"所有程序"列表中，选择"CAXA 实体设计"选项，弹出一个下拉列表。

4）在下拉列表中，选择"CAXA 实体设计"选项。

5）"CAXA 实体设计"界面打开，弹出"欢迎使用"窗口。在使用"CAXA 实体设计"软件进行工作前，需要新建一个设计环境。

（2）创建新设计环境

1）选择"生成新的设计环境"选项，然后开始一个新项目。

2）如果不希望每次打开"CAXA 实体设计"软件时都会出现该对话框，则不选择"启动时总显示这个对话框"选项。

3）单击"确定"按钮，弹出"新的设计环境"对话框。

4）在"新的设计环境"对话框中，选择最适合工作的设计环境，然后选择一个设计环境模板。

如果不确定该选择哪种样图或设计环境模板，可从"工作环境"标签中选择"空白设计环境"样图，"CAXA 实体设计"软件操作界面将显示空白的三维设计环境。

2. 认识 CAXA 制造工程师 2013 软件的操作界面

启动 CAXA 制造工程师 2013 软件后，将出现图 1-14 所示的操作界面，主要由标题栏、菜单栏、工具栏、图形窗口和命令窗口等组成。

人 图1-14 CAXA制造工程师2013操作界面

操作界面是 CAXA 制造工程师 2013 软件进行图形交互显示的主要位置，在这里可以进行机械零件的产品设计，也可以进行机械制造的后置处理。在操作界面的中间位置有一个世界坐标系（X,Y,Z）。窗口是交互式 CAD/CAM 软件与用户进行信息交流的中介。CAXA 制造工程师的窗口和其他 Windows 风格的软件窗口一样，各种应用功能通过菜单和工具栏驱动。状态栏指导用户进行操作，并提示当前状态和所处位置。导航栏记录了历史操作和相互关系。绘图区显示各种功能操作的结果。同时，绘图区和导航栏为用户提供了数据交互功能。

（1）认识菜单栏　菜单栏在软件窗口的顶部，包括："文件""编辑""显示""造型""加工""通信""工具""设置"和"帮助"选项，如图 1-15 所示。每个选项都有下拉菜单，根据各自功能的不同，其下拉菜单的内容也不同，涵盖了 CAXA 制造工程师软件的全部操作内容。

文件(F)　编辑(E)　显示(V)　造型(U)　加工(N)　通信(D)　工具(T)　设置(S)　帮助(H)

人 图1-15 菜单栏

除了菜单栏，CAXA 实体设计的许多图素都具有弹出菜单。鼠标右键单击该图素，打开弹出菜单，显示与被选图素相关的命令，如图 1-16 所示。

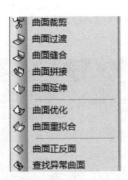

图1-16 弹出菜单

 注 意

在整个 CAXA 实体设计中，右键单击除了可以打开弹出菜单外，还可以对某个零件进行定位或备份。

（2）认识状态栏　状态栏（图1-17）起到了很好的提示作用，位于软件界面的底部，分为当前点的提示区、当前点拾取状态的提示区以及操作信息提示区。这些内容给操作者以很好的提示，使操作者对当前的操作有很清楚的了解。

图1-17 状态栏

（3）认识工具栏　工具栏（图1-18）是 CAXA 制造工程师 2013 软件的重要组成部分，其上的命令可以使操作者快速地启动一个操作命令。光标指向某个按钮，稍停片刻将显示该按钮所代表的命令，单击该按钮（按钮处于凹下状态）则启动命令，出现对应的立即菜单，此时状态栏中将出现操作提示。操作者也可以根据自己的操作习惯定制软件的操作界面。在工具条上进行拖动就可以使工具条脱离工具栏，双击脱离的工具条可以使工具条附着到工具栏中，操作较为方便。具体操作方法如下：

图1-18 工具栏

1）在"视图"菜单中选择"工具栏"选项，或者右击当前所显示的任何工具栏。

2）在下拉列表中选中希望显示的"工具栏"选项。如果要隐藏工具栏，则取消选中，如图 1-19 所示。

**图1-19** 选中和取消工具栏

（4）认识特征树 / 加工管理树　单击"零件特征"按钮，此时将显示特征树，如图 1-20 所示。特征树上记载着零件造型过程的所有特征信息。单击"加工管理"按钮，此时将显示加工管理树，加工管理树上记载着零件加工的所有特征信息。

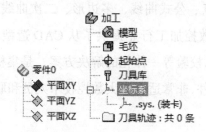

**图1-20** 特征树

## 知识链接

### 一、CAD/CAM 系统的工作流程

掌握并充分利用 CAD/CAM 软件，可以将微型计算机与 CNC 机床组成面向加工的系统，大大提高设计和加工的效率和质量，减少编程时间，充分发挥数控机床的优越性，提高整体生产制造水平。

目前，CAM 系统在 CAD/CAM 中仍处于相对独立的状态。因此，无论哪一种 CAM 软件，都需要在引入零件 CAD 模型几何信息的基础上，由人工交互方式添加被加工的具体对象、约束条件、刀具与切削用量、工艺参数等信息，而这些 CAD 软件的操作流程基本相同，如图 1-21 所示。

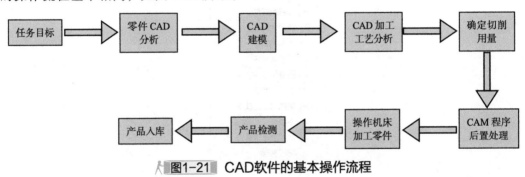

图1-21 CAD软件的基本操作流程

### 二、CAXA 制造工程师 2013 软件的工作特点

CAXA 制造工程师是具有卓越工艺性的数控编程软件，是数控加工编程精品软件，具有软件学习容易上手、程序生成稳定可靠、零件加工快速高效等特点。

CAXA 制造工程师软件为"草图"或"线架"的绘制提供了多项功能，如直线、圆、圆弧、椭圆、样条、点、公式曲线、多边形、二次曲线、等距线、曲线投影、相关线和曲线编辑等。它为数控加工行业提供了从 CAD 造型、CAD 设计到 CAM 加工代码生成、加工仿真、代码校验等一体化的解决方案，是集机械设计 CAD 和机械制造 CAM 为一身的一款国产软件，非常适合广大数控技术人员和职业学校学生学习和掌握。

#### 1. 方便实用的造型

（1）方便的特征实体造型　CAXA 制造工程师软件采用精确的特征实体造型技术和可视化设计理念，将设计信息用特征术语进行描述，简便且准确。实体造型主要有拉伸、旋转、导动、放样、倒角、圆角、打孔、筋板、拔模、分模等特征造型方式，可以将二维的草图轮廓快速生成三维实体模型，提供多种构建基准平面的功能。用户

可以根据已知条件构建各种基准面。

（2）强大的 NURBS 自由曲面造型　从线框到曲面，CAXA 制造工程师提供了丰富的建模手段，可通过扫描、放样、旋转、导动、等距、边界和网格等多种形式生成复杂曲面，并提供曲面线裁剪和面裁剪、曲面延伸、按照平均切矢或选定曲面切矢的曲面缝合功能，以及多张曲面之间的拼接功能。另外，它提供了强大的曲面过渡功能，可以实现两面、三面、系列面等曲面过渡方式，还可以实现等半径或变半径过渡。

（3）灵活的曲面实体复合造型　系统支持实体与复杂曲面混合的造型方法，应用于复杂零件设计或模具设计，提供曲面裁剪实体功能、曲面加厚成实体功能和闭合曲面填充生成实体功能。另外，系统还允许将实体的表面生成曲面供用户直接引用。

曲面和实体造型方法的完美结合，是 CAXA 制造工程师的一个突出特点。对于每个操作步骤，软件的提示区都有操作提示功能，不管是初学者或是具有丰富 CAD 经验的工程师，都可以根据软件的提示迅速掌握诀窍，设计出自己想要的零件模型。

2. 优质高效的数控加工

（1）多种粗、精、补、槽加工方式

1）7 种粗加工方式：平面区域粗加工（2D）、区域粗加工、等高粗加工、扫描线、摆线、插铣、导动线（2.5 轴）。

2）14 种精加工方式：平面轮廓、轮廓导动、曲面轮廓、曲面区域、曲面参数线、轮廓线、投影线、等高线、导动、扫描线、限制线、浅平面、三维偏置、深腔侧壁。

3）3 种补加工方式：等高线加工、笔试清根、区域补加工。

4）2 种槽加工：曲线式铣槽、扫描式铣槽。

（2）多轴加工

1）四轴加工：四轴曲线、四轴平切面加工。

2）五轴加工：五轴等参数线、五轴侧铣、五轴曲线、五轴曲面区域、五轴 G01 钻孔、五轴定向、转四轴轨迹加工等。对于叶轮、叶片类零件，除提供以上加工方式外，系统还提供专用的叶轮粗加工及叶轮精加工功能，可以实现对叶轮和叶片的整体加工。

（3）宏加工　提供倒圆角加工方式，用户可根据给定的平面轮廓曲线生成加工圆角的轨迹和带有宏指令的加工代码。充分利用宏程序功能，使得倒圆角加工程序变得异常简单灵活。

（4）高速加工　可设定斜切入和螺旋切入等接近和切入方式，拐角处可设定圆角过渡，轮廓与轮廓之间可通过圆弧或 S 形方式过渡形成光滑连接，生成光滑刀具轨迹，从而有效地满足高速加工对刀具路径形式的要求。

## 任务三　　CAXA 制造工程师 2013 快捷键的使用

### 任务描述

了解 CAXA 制造工程师 2013 软件快捷键的功能，熟练掌握各种快捷键的功能。

### 任务实施

利用 CAXA 制造工程师 2013 软件的快捷键，能够使操作者更加快速地进行软件操作，从而节省操作时间。CAXA 制造工程 2013 软件快捷键的功能见表 1-3。

表 1-3　CAXA 制造工程师 2013 软件快捷键的功能

| 快捷键 | 功能 |
| --- | --- |
| 鼠标 | 鼠标左键可以用来拾取元素、激活菜单和确定位置坐标等。鼠标右键用来确认、结束操作、重复上一次命令和终止操作等。鼠标滚轮滚动可以放大和缩小图形 |
| 【Enter】键 | 键盘上的【Enter】键为确认键 |
| 数字键 | 直接用于数据的输入，如坐标值、长度等 |
| 空格键 | 调出点控制对话框 |
| 功能键【F1】键 | 软件帮助 |
| 功能键【F2】键 | 草图与非草图状态的转换 |
| 功能键【F3】键 | 显示所有窗口对象 |
| 功能键【F4】键 | 刷新 |
| 功能键【F5】键 | 将当前绘图平面切换至 XOY 面，同时将显示平面切换至 XOY 面，将图形投射至 XOY 面内进行显示 |
| 功能键【F6】键 | 将当前绘图平面切换至 YOZ 面，同时将显示平面切换至 YOZ 面，将图形投射至 YOZ 面内进行显示 |
| 功能键【F7】键 | 将当前绘图平面切换至 XOZ 面，同时将显示平面切换至 XOZ 面，将图形投射至 XOZ 面内进行显示 |
| 功能键【F8】键 | 以轴测图方式显示 |
| 功能键【F9】键 | 在 XOY、YOZ、XOZ 三个平面之间进行绘图平面的切换 |
| 方向键【←】【↑】【→】【↓】键 | 显示平移，使图形在屏幕上向左、上、右、下移动 |
| 按住【Shift+】,【←】【↑】【→】【↓】;或【Shift+】左键 | 对图形进行旋转 |
| 按住【Ctrl+】,【↑】键 | 放大图形 |
| 按住【Ctrl+】,【↓】键 | 缩小图形 |
| 按住【Shift+】右键 | 缩放图形 |

## 坐标系

绘图平面是空间坐标系下三个坐标平面中的一个，此平面在当前坐标系中用红色斜线标识。CAXA 实体设计的局部坐标系是三个相互垂直的包含零件设计主要参考系和坐标系的平面，如图 1-22 所示。

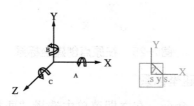

人 图1-22 坐标系

这些参考系和坐标系对零件的设计很重要。打开 CAXA 制造工程师 2013 软件后，在操作界面中央将显示一个三维坐标系统，即默认的绘图坐标系。此时，坐标系的 Z 轴垂直于桌面向外，如图 1-23 所示。

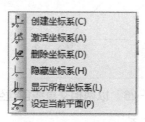

人 图1-23 创建坐标系

### 1. 创建坐标系

作图时，常需要将坐标系平移或旋转至某个点，以便在新坐标系下进行操作，这时就需要进行坐标系的创建。创建坐标系有五种方式：单点、三点、两相交直线、圆或圆弧和曲线切法线，如图 1-24 所示。

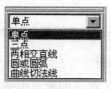

人 图1-24 创建坐标系的方式

（1）单点方式创建坐标系。在菜单栏中选择"工具"→"坐标系"→"创建坐标系"选项，启动"创建坐标系"命令，系统提示"输入坐标原点"，选择目标点。系统即创建一个新的坐标系。

（2）三点方式创建坐标系

1）启动"创建坐标系"命令，在立即菜单中选择"三点"选项。

2）给出坐标原点、+X 方向上的一点，确定 XOY 面及 +Y 方向的一点，如图 1-25 所示。

3）弹出输入栏，输入坐标系名称，按【Enter】键确定。

**图1-25** 在原点创建坐标系

（3）两相交直线方式创建坐标系

1）启动"创建坐标系"命令，在立即菜单中选择"两相交直线"选项。

2）拾取第一条直线作为 X 轴，选择方向。

3）拾取第二条直线，选择方向。

4）弹出输入栏，输入坐标系名称，按【Enter】键确定，如图 1-26 所示。

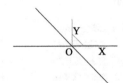

**图1-26** 以两相交直线创建坐标系

（4）圆或圆弧方式创建坐标系

1）启动"创建坐标系命令"，在立即菜单中选择"圆或圆弧"选项。

2）拾取圆或圆弧，选择 X 轴位置（圆弧起点或终点位置），如图 1-27 所示。

3）弹出输入栏，输入坐标系名称，按【Enter】键确定。

**图1-27** 在圆弧上创建坐标系

（5）曲线切法线方式创建坐标系

1）启动"创建坐标系"命令，在立即菜单中选择"曲线切法线"选项。

2）拾取曲线。

3）拾取曲线上的一点作为坐标原点，如图 1-28 所示。

4）弹出输入栏，输入坐标系名称，按【Enter】键确定。

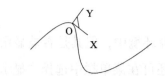

**图1-28** 在曲线上创建坐标系

**2. 激活坐标系**

当系统有多个坐标系时，正在使用的只有一个，把隐藏的坐标系改为当前使用的坐标系的操作称为激活坐标系。

（1）激活　在菜单栏中选择"工具"→"坐标系"→"激活坐标系"选项，启动"激活坐标系"命令，系统将弹出"激活坐标系"对话框，如图1-29所示。选择坐标系列表中的某一坐标系，单击"激活"按钮，这时该坐标系被激活并变为红色。

**图1-29** "激活坐标系"对话框

（2）手动激活　启动"激活坐标系命令"，在"激活坐标系"对话框中单击"手动激活"按钮，然后直接选择需要激活的坐标系，该坐标系变为红色。

**3. 删除坐标系**

在菜单栏中选择"工具"→"坐标系"→"删除坐标系"选项，就可以进行坐标系的删除。

**4. 隐藏坐标系**

在菜单栏中选择"工具"→"坐标系"→"隐藏坐标系"选项，然后选择需要隐藏的坐标系。

**5. 显示坐标系**

在菜单栏中选择"工具"→"坐标系"→"显示所有坐标系"选项，图形中所有的坐标系将被显示出来。

6. 显示局部坐标系

局部坐标系始终存在于设计环境中，但其是否被显示根据需要而定。除可选择直接打开预设栅格设计模板外，还可在菜单栏中选择"显示"→"局部坐标系"选项或利用"设计环境性质"对话框来选择是否显示局部坐标系。

在CAXA实体设计中，要编辑和修改所选择的对象，右键菜单是非常有用的；同时，菜单栏几乎包含了设计所需的绝大多数命令。因此，实体设计有两种以上的操作方法。例如，可以在菜单栏中选择"设置"→"局部坐标系"选项，打开"局部坐标系"对话框，在其中修改、编辑局部坐标系的属性。

利用局部坐标系可准确定位零件。将光标移动到"图素"库的标签上，就可以显示"图素"目录的内容。

在CAXA实体设计中，要取消所选工具的操作，按【Esc】键或再次单击所选择的工具即可。

知识拓展

图层设置

在CAXA制造工程师2013中，图层的设置方法如下：

1）在菜单栏中选择"设置"→"图层设置"选项，或者直接单击"图层设置"按钮。

2）在图1-30所示的"图层管理"对话框中选择某个图层，双击"名称""颜色""状态""可见性"和"描绘"中的任意一项，可以对图层进行修改。

3）可以新建图层、删除指定图层或将指定图层设置为当前图层。

4）如果想取消新建的许多图层，可单击"重置图层"按钮，回到图层初始状态。

5）单击"导出设置"按钮，弹出"导入/导出图层"对话框，如图1-31所示。输入图层组名称及其详细信息，单击"确定"按钮，可将当前图层状态保存下来。

6）单击"导入设置"按钮，弹出"导入/导出图层"对话框，如图1-32所示。选择已存在的图层组名称，单击"确定"按钮，可将该图层设为当前图层状态；单击"删除图层组"按钮，可将其删除。

图1-30 "图层管理"对话框

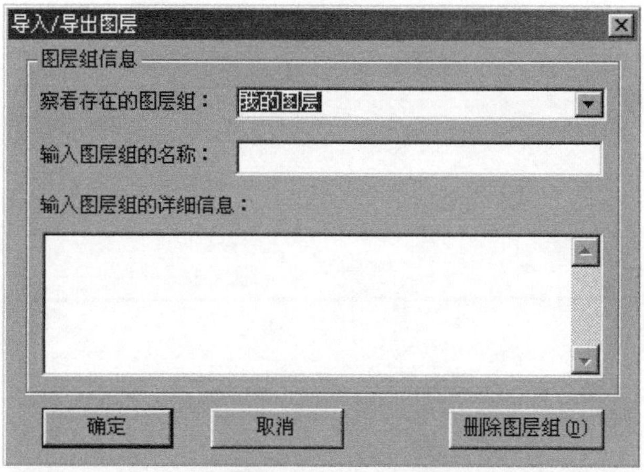

图1-31 导出设置

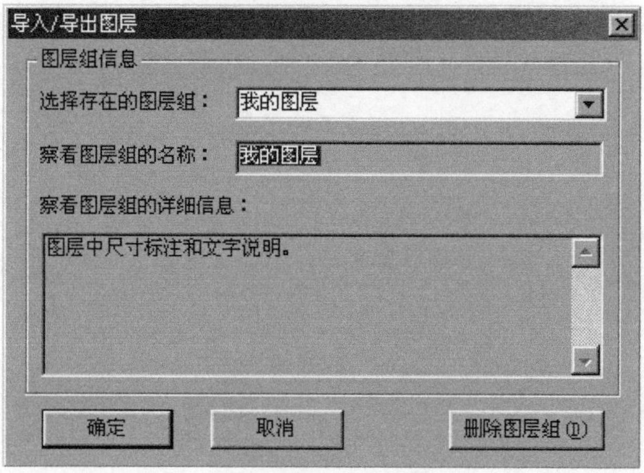

图1-32 导入设置

## 思考与练习

1. 开发 CAD/CAM 系统时面临的关键技术主要有哪几方面?

2. 国内外常用的 CAD/CAM 软件都有哪些? 试举例。

3. CAXA 制造工程师 2013 操作界面主要由哪几部分组成?

4. CAXA 制造工程师 2013 的工作特点有哪些?

# 项目二

# CAXA 制造工程师造型设计

## 项 目 描 述

### 情景导入

　　CAXA 制造工程师 2013 集造型和数控加工于一体，造型功能是其重要组成部分。零件都是由点、线、面、实体等元素组合而成的。CAXA 制造工程师 2013 为曲线绘制提供了十几项功能：点、直线、圆弧、圆、矩形、椭圆、样条公式曲线、多边形、二次曲线、等距线、曲线投影、相关线、样条和文字等。使用这些功能，用户可以很方便快捷地绘制出各种各样复杂的图形。本项目将以一些典型的零件造型为例，介绍造型功能的使用方法。

### 项目目标

- 了解 CAXA 制造工程师 2013 的基本形状绘制方法。
- 掌握 CAXA 制造工程师 2013 的曲线和曲面造型方法。
- 采用鼠标和键盘的结合，熟练掌握快捷键的操作以加快作图速度。
- 掌握 CAXA 制造工程师 2013 几何变换中各种功能的应用。

任务一　　绘制三角尺

## 任务描述

通过三角尺（图2-1）的绘制，掌握CAXA制造工程师2013中点、直线的绘制方法；掌握直线剪切等功能的使用方法。

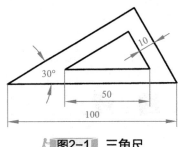

图2-1　三角尺

## 任务实施

1）打开CAXA制造工程师2013，进入造型界面。

2）单击"直线"按钮，修改命令行参数，如图2-2所示。

3）在屏幕上绘制三角形，如图2-3所示。

图2-2　直线命令行

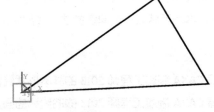

图2-3　绘制三角形

4）单击"偏移"按钮，修改命令行参数，如图2-4所示。按顺序选择相关直线和偏移方向，如图2-5所示。

图2-4　偏移命令行

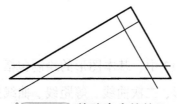

图2-5 偏移命令的使用

5）单击"曲线裁剪"按钮 ，修改命令行参数，如图 2-6 所示。选取直线，单击需要裁去的部分，如图 2-7 所示；按顺序裁剪相关直线，裁剪完成后的图形，如图 2-8 所示。

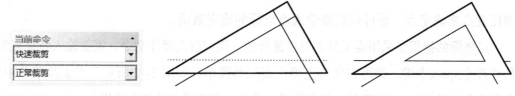

图2-6 快速裁剪命令行　　图2-7 快速裁剪直线　　图2-8 裁剪完成后的图形

6）选取多余线头并单击右键，选择"删除"选项，如图 2-9 所示。

7）完成多余线段的裁剪，任务完成，如图 2-10 所示。

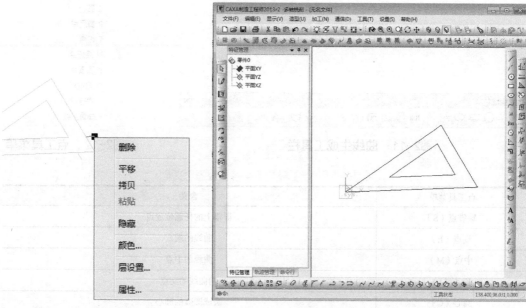

图2-9 删除线段功能　　　　　　　　图2-10 三角尺绘制完成

## 知识链接

在 CAXA 制造工程师 2013 中，基本图形的绘制包括点、直线、圆弧、圆、矩形、椭圆、样条公式曲线、多边形、二次曲线、等距线、曲线投影、相关线和样条线。"曲线生成"工具栏如图 2-11 所示。

1. 点

点在图形中是最基本的绘图元素。工具点就是在操作过程中具有几何特征的点，如圆心点、切点、端点等。 在 CAXA 制造工程师 2013 中，可以直接单击操作界面上的任意点来确定点，也可以直接输入点坐标的确定数值。

点坐标的捕捉是采用点工具菜单来进行的。用户进入操作命令，需要输入特征点时，只要按【Space】键，即可在屏幕上弹出点工具菜单，如图 2-12 所示。点工具菜单中各参数的含义见表 2-1。点工具一般与直接、曲线、圆弧等工具结合使用。

**图2-11** 曲线生成工具栏

**图2-12** 点工具菜单

表2-1　点工具菜单中各参数的含义

| 点工具菜单 | 含义 |
| --- | --- |
| 缺省点（S） | 屏幕上的任意位置点 |
| 端点（E） | 曲线的端点 |
| 中点（M） | 曲线的中点 |
| 交点（I） | 两曲线的交点 |
| 圆心（C） | 圆或圆弧的圆心 |
| 垂足点（P） | 曲线的垂足点 |
| 切点（T） | 曲线的切点 |
| 最近点（N） | 曲线上距离捕捉光标最近的点 |
| 型值点（K） | 样条特征点 |

（续）

| 点工具菜单 | 含义 |
|---|---|
| 刀位点（O） | 刀具轨迹上的点 |
| 存在点（G） | 用曲线生成中的点工具生成的点 |
| 曲面上点（F） | 用曲面上点工具生成的点 |

2. 直线

直线是构成图形的基本要素之一。直线功能提供了两点线、平行线、角度线、切线/法线、角等分线和水平/铅垂线六种方式。直线的绘图步骤：在菜单栏中选择"造型"→"曲线生成"→"直线"选项，或者单击工具栏中的"直线"按钮，启动"直线"命令。

（1）两点线　在屏幕上的两点间进行直线的绘制，单击"直线"按钮，命令行如图2-13所示。绘制两点间的直线时，非正交和正交命令框是不一样的。

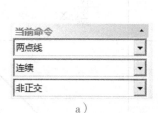

a）　　　　　　　b）

**图2-13　两点线命令行**

a）非正交　b）正交

**参考**

两点线命令行中各参数的含义：

1）连续：每段直线段相互连接，前一段直线段的终点为下一段直线段的起点。

2）单个：每次绘制的直线段相互独立，互不相关。

3）非正交：可以画任意方向的直线，包括正交的直线。

4）正交：所画直线与坐标轴平行。

5）点方式：指定两点来画正交直线。

按上述操作绘制的两点线示意图，见表2-2。

表 2-2　两点线绘制示意图

| 绘制方式 | 命令行 | 示意图 |
|---|---|---|
| 连续<br>非正交 | 当前命令<br>两点线<br>连续<br>非正交 | |
| 连续<br>正交 | 当前命令<br>两点线<br>连续<br>正交<br>点方式 | |
| 单个<br>非正交 | 当前命令<br>两点线<br>单个<br>非正交 | |
| 单个<br>正交 | 当前命令<br>两点线<br>单个<br>正交<br>长度方式<br>长度=<br>30 | |

（2）平行线　此功能是按给定距离或通过给定的已知点绘制与已知线段平行且长度相等的平行线段。平行线有过点和距离两种绘制方式。单击"直线"按钮 ◢，在命令行中选择"平行线"选项，选择过点或距离方式。

**参考**

直线命令行中各参数的含义：

1）过点：过一点作已知直线的平行线。

2）距离：按照固定的距离作已知直线的平行线。

3）条数：可以同时作出的多条平行线的数目。

平行线绘制示意图见表2-3。

表2-3 平行线绘制示意图

| 绘制方式 | 命令框 | 示意图 |
|---|---|---|
| 过点式 | 当前命令<br>平行线<br>过点 | |
| 距离式 | 当前命令<br>平行线<br>距离<br>距离=<br>20.0000<br>条数=<br>2 | |

（3）角度线 角度线功能可生成与坐标轴或一条直线成一定夹角的直线。单击"直线"按钮，在命令行中选择"角度线"选项，选择直线夹角、X轴夹角或Y轴夹角方式，输入角度值。例如，选择直线夹角方式，则拾取直线，给出第一点，再给出第二点或长度，角度线即生成；若为X轴或Y轴夹角方式，则给出第一点，再给出第二点或长度，角度线即生成。

**参考**

角度线命令行中各参数的含义：

1）X轴夹角：所作直线与X轴正方向之间的夹角。

2）Y轴夹角：所作直线与Y轴正方向之间的夹角。

3）直线夹角：所作直线与已知直线之间的夹角。

角度线绘制示意图见表2-4。

表2-4　角度线绘制示意图

| 绘制方式 | 命令框 | 示意图 |
|---|---|---|
| X轴夹角 | 当前命令<br>角度线<br>X轴夹角<br>角度=<br>45.0000 | |
| Y轴夹角 | 当前命令<br>角度线<br>Y轴夹角<br>角度=<br>45.0000 | |
| 直线夹角 | 当前命令<br>角度线<br>直线夹角<br>角度=<br>45.0000 | |

（4）水平／铅垂线　此功能可生成平行或垂直于当前平面坐标轴的给定长度的直线。单击"直线"按钮☑，在命令行中选择"水平／铅垂线"选项，选择水平（铅垂或水平＋铅垂线）方式，如图2-14所示，然后给出直线中点，直线即生成。

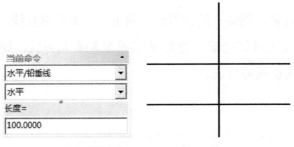

图2-14　水平/铅垂线绘制

（5）切线／法线　此功能可过定点作已知曲线的切线或法线。单击"直线"按钮☑，在命令行中选择"切线／法线"选项，选择法线（或切线）方式，如图2-15所示。

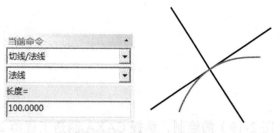

图2-15 切线/法线绘制

◆◆ 举 例 ◆◆

利用两点线功能绘制圆的公切线

充分利用工具点菜单，可以绘制出多种特殊的直线，这里以利用工具点中的切点绘制出两个圆弧的切线为例，介绍工具点菜单的使用方法。

1）单击"直线"按钮，选择"两点线"选项，系统提示"第一点："。

2）按【Space】键弹出工具点菜单，选择"切点"选项，如图2-16所示。

图2-16 点工具菜单

3）按提示拾取第一段圆弧。

4）输入第二点时，其方法与拾取第一点相同，拾取第二段圆弧。作图结果如图2-17所示。

如果拾取圆弧的位置不同，则会产生不同的切线方向，如图2-18所示。

图2-17 两圆弧外公切线          图2-18 两圆弧内公切线

任务二 | 绘制剪刀模型

## 任务描述

通过剪刀模型（图2-19）的绘制，掌握 CAXA 制造工程师 2013 中圆弧、切点及剪切功能的使用。

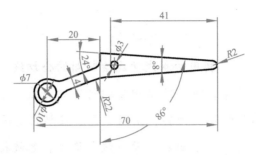

图2-19 剪刀模型

## 任务实施

1）打开 CAXA 制造工程师 2013，进入造型界面。

2）单击"整圆"按钮⊙，修改命令行参数，如图 2-20 所示。

图2-20 整圆命令行

3）在屏幕上选择任意点作为圆的圆心，输入"3.5"作为半径值，绘制同心圆，输入"5"为半径值，如图 2-21 所示。

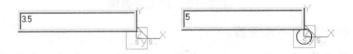

图2-21 绘制同心圆

4）选择"直线"按钮☑，修改直线命令行，如图 2-22 所示。

图2-22 直线命令行

5）按顺序绘制相关直线，如图 2-23 所示。

**图2-23　绘制直线**

6）选择"圆弧"按钮，修改圆弧命令行相关参数，如图 2-24 所示。

7）按【Space】键，系统弹出点工具菜单，选择"T 切点"，绘制相切圆弧并裁掉多余图线，如图 2-25 所示。

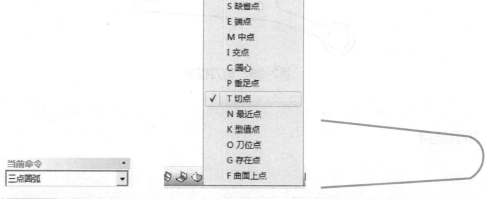

**图2-24　圆弧命令行**　　　**图2-25　相切圆弧功能的应用**

8）在刀背尖角连接处采用倒圆角功能，单击"曲线过渡"按钮，命令行参数的设置如图 2-26 所示。

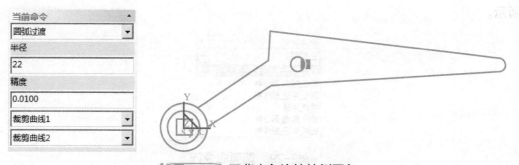

**图2-26　刀背尖角连接处倒圆角**

9）在其余尖角连接处采用倒圆角功能，单击"曲线过渡"按钮，命令行参数的设置如图 2-27 所示。

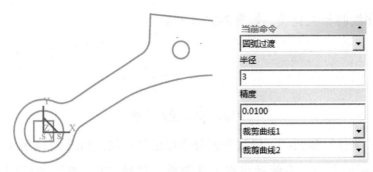

图2-27 其余尖角连接处倒圆角

10）完成绘图后的效果如图 2-28 所示。

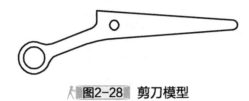

图2-28 剪刀模型

## 知识链接

### 1. 圆弧

圆弧是构成图形的基本要素之一，为了适应各种情况下圆弧的绘制，CAXA 制造工程师提供了多种圆弧绘制方法：三点圆弧、圆心_起点_圆心角、圆心_半径_起终角、两点_半径、起点_终点_圆心角和起点_半径_起终角。圆弧命令行如图 2-29 所示。

图2-29 圆弧命令行

在菜单栏中选择"造型"→"曲线生成"→"圆弧"选项，或者直接单击绘图工具栏中的"圆弧" 按钮，即可进行圆弧的绘制。

（1）三点圆弧　此方式是过三点画圆弧，其中第一点为起点，第三点为终点，三点位置综合起来确定圆弧的位置和方向。三点圆弧法是比较简单和方便的圆弧绘制方法。

1）单击"圆弧"按钮，在命令行中选择"三点圆弧"选项。

2）选择圆弧起点（第一点），给定圆弧第二点，最后选择圆弧的大小和凹凸方向确定第二点，圆弧生成，如图2-30所示。

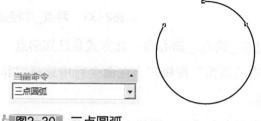

图2-30　三点圆弧

（2）圆心_起点_圆心角　此方式是已知圆心、起点及圆心角或终点画圆弧。

1）单击"圆弧"按钮，在命令行中选择"圆心_起点_圆心角"选项。

2）选择给定圆心，选择圆弧起点，确定圆弧终点，圆弧生成，如图2-31所示。

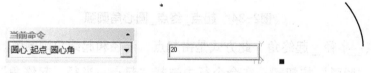

图2-31　圆心_起点_圆心角圆弧

（3）圆心_半径_起终角　此方式是由圆心、半径和起终角画圆弧。已知条件中有圆心和圆弧半径、圆弧的起始角度、圆弧的终止角度。

1）单击按钮，在立即菜单中选择"圆心_半径_起终角"，选择圆弧的圆心点，输入起始角和终止角的值。

2）给定圆心，输入圆上一点或半径值，圆弧生成，如图2-32所示。

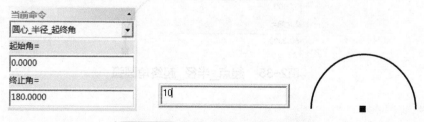

图2-32　圆心_半径_起止角圆弧

（4）两点_半径　此方式是已知两点及圆弧半径画圆弧，与三点圆弧法相似。

1）单击"圆弧"按钮，在命令行中选择"两点_半径"选项。

2）选择圆弧起点（第一点），再选择圆弧终点（第二点），然后输入圆弧的半径值，圆弧生成，如图2-33所示。

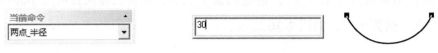

**图2-33 两点_半径圆弧**

（5）起点 _ 终点 _ 圆心角 此方式是已知起点、终点和圆心角画圆弧。

1）单击"圆弧"按钮，在命令行中选择"起点 _ 终点 _ 圆心角"选项，输入圆心角的值。

2）给定起点和终点，圆弧生成，如图 2-34 所示。

**图2-34 起点_终点_圆心角圆弧**

（6）起点 _ 半径 _ 起终角 此方式是由起点、半径和起终角画圆弧。

1）单击"圆弧"按钮，在命令行中选择"起点 _ 半径 _ 起终角"选项，输入半径、起始角和终止角的值。

2）给定起点，圆弧生成，如图 2-35 所示。

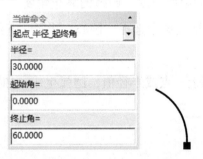

**图2-35 起点_半径_起终角圆弧**

2. 圆

圆也是构成图形的基本要素。为了适应各种情况下圆的绘制，CAXA 制造工程师软件的绘制圆功能提供了圆心 _ 半径、三点和两点 _ 半径三种方式。在菜单栏中选择"造型"→"曲线生成"→"圆"选项，如图 2-36 所示；或者直接单击绘图工具栏中的"整圆"按钮，选择图 2-37 所示命令行中的画图方式。

**图2-36**　圆绘制菜单

**图2-37**　圆绘制命令行

（1）圆心 _ 半径　此方式是已知圆心和半径画圆。

1）单击"整圆"按钮⊙，在命令行中选择"圆心 _ 半径"选项，如图 2-37 所示。

2）给出圆心点，设定圆上一点或半径，圆即生成，如图 2-38 所示。

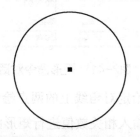

**图2-38**　圆心_半径绘圆

（2）三点　此方式是过已知三点进行圆的绘制。

1）单击"整圆"按钮⊙，在命令行中选择"三点"选项。

2）给出第一点、第二点、第三点，圆即生成，如图 2-39 所示。

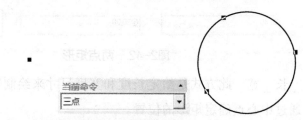

**图2-39**　三点绘圆

（3）两点 _ 半径　此方式是已知圆上两点和半径画圆。

1）单击"整圆"按钮◎，在命令行中选择"两点＿半径"选项。

2）给出第一点、第二点、然后输入第三点或半径，圆即生成，如图2-40所示。

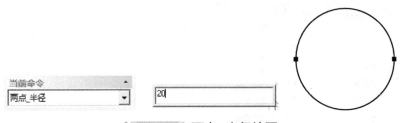

**图2-40** 两点＿半径绘圆

3. 矩形

矩形是构成图形的基本要素，为了适应各种情况下矩形的绘制，CAXA制造工程师软件提供了两点矩形和中心＿长＿宽两种矩形绘制方式，如图2-41所示。选择"造型"→"曲线生成"→"矩形"选项，或者直接单击"矩形"按钮□；然后选取画矩形方式，根据状态栏提示完成操作。

**图2-41** 矩形命令对话框

（1）两点矩形 此方式是给定对角线上的两点绘制矩形。可以通过鼠标选择任意两点进行矩形的绘制，也可以输入相关数值进行矩形的绘制。

1）单击"矩形"按钮□，在命令行中选择"两点矩形"选项。

2）选择起点和终点，或者输入数值进行矩形的绘制。

例如，绘制图2-42所示的矩形，第一点输入"20，40"，第二点输入"@30,20"，即可完成矩形的绘制。

**图2-42** 两点矩形

（2）中心＿长＿宽 此方式是给定长度和宽度尺寸来绘制矩形。通过长和宽确定矩形的大小，通过中心点确定矩形的位置。

1）单击"矩形"按钮□，在命令行中选择"中心＿长＿宽"选项，输入长度和宽度值。

2）给出矩形中心，矩形即生成。

例如，图2-43中输入矩形的长度"33"、宽度"15"，然后选择矩形的中心点，完成矩形的绘制。

**图2-43 中心_长_宽矩形**

4. 椭圆

圆是椭圆的一个特例，长半轴和短半轴相等时为圆，不相等时为椭圆。CAXA 制造工程师对椭圆的绘制提供了一些简便的方法：给定椭圆中心后，即可按给定参数画一个任意方向的椭圆或椭圆弧。在菜单栏中选择"造型"→"曲线生成"→"椭圆"选项，如图2-44所示；或者直接单击"椭圆"按钮 。

**参考**

椭圆绘制相关参数的含义：

1）长半轴：椭圆长轴参数值。

2）短半轴：椭圆短轴参数值。

3）旋转角：椭圆长轴与默认起始基准之间的夹角。

4）起始角：画椭圆弧时，起始位置与默认起始基准之间的夹角。

5）终止角：画椭圆弧时，终止位置与默认起始基准之间的夹角。

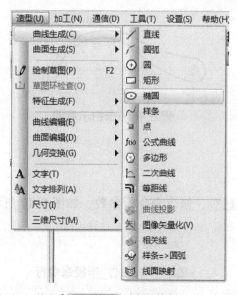

**图2-44 椭圆菜单**

例如，在图2-45所示的椭圆命令行中输入椭圆弧的起始角、终止角、长半轴和短半轴的相关参数，在绘图区中确定中心位置，即可完成椭圆弧的绘制。

图2-45 椭圆弧绘制示例

## 任务三 绘制卡钳

### 任务描述

通过卡钳（图2-46）的绘制，掌握CAXA制造工程师2013中样条曲线、公式曲线、二次曲线等功能的使用方法。

图2-46 卡钳示意图

### 任务实施

1）单击"圆弧"按钮◎，修改命令行参数，如图2-47所示。

图2-47 圆心_半径命令行

2）选择任意点作为圆的中心点，输入5作为半径值，如图2-48所示。在适当位置单击确定圆心，输入"1.5"作为半径值，如图2-49所示。

图2-48　大圆半径的输入

图2-49　小圆半径的输入

3）单击"圆弧"按钮，修改圆弧命令行，如图 2-50 所示。

图2-50　修改圆弧命令行

4）按【Space】键，弹出点工具菜单，如图 2-51 所示。运用切点功能依次绘制圆弧，如图 2-52~ 图 2-55 所示。

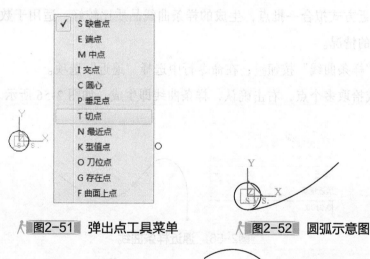

图2-51　弹出点工具菜单　　　图2-52　圆弧示意图

图2-53　相切圆弧功能的应用

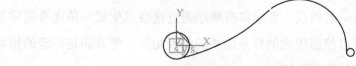

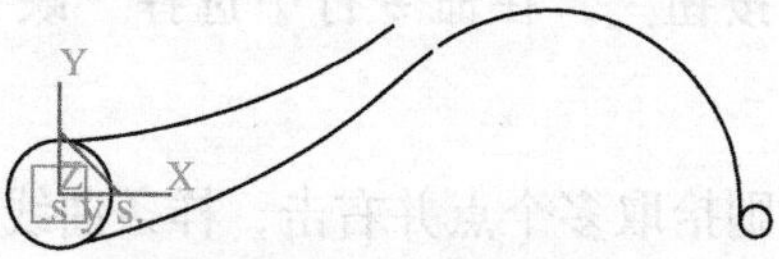

图2-54　按顺绘制圆弧

图2-55 卡钳模型

## 知识链接

1. 样条曲线

样条曲线是决定曲面连接圆滑程度的主要特征，一般将给定的顶点作为样条曲线的插值点，然后生成样条曲线。在菜单栏中选择"造型"→"曲线生成"→"样条"选项，或者直接单击"样条曲线"按钮⚬；然后选择样条曲线生成方式（逼近和插值），按状态栏提示进行操作，生成样条曲线。

（1）逼近　按顺序输入一系列点，系统根据给定的精度生成拟合这些点的光滑样条曲线。用逼近方式拟合一批点，生成的样条曲线品质比较好，适用于数据点比较多且排列不规则的情况。

1）单击"样条曲线"按钮⚬，在命令行中选择"逼近"选项。

2）输入或拾取多个点，右击确认，样条曲线即生成，如图 2-56 所示。

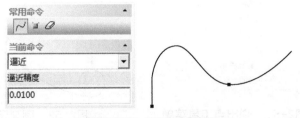

图2-56 逼近样条曲线

（2）插值　按顺序输入一系列点，系统将按顺序通过这些点生成一条光滑的样条曲线。通过设置命令行，可以控制生成的样条曲线的端点切矢，使其满足一定的相切条件，也可以生成一条封闭的样条曲线。

1）单击"样条曲线"按钮⚬，在命令行中选择"缺省切矢或给定加矢"选项，确定是开曲线或闭曲线。

2）若为"缺省切矢"，则拾取多个点并右击，样条曲线即生成，如图 2-57 所示。

3）若为"给定切矢"，则拾取多个点并右击，然后给定终点切矢和起点切矢，样条曲线即生成。

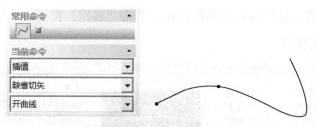

**图2-57** 插值样条曲线

插值样条曲线相关参数：

1）缺省切矢：按照系统默认的切矢绘制样条曲线。

2）给定切矢：按照需要，给定切矢方向，绘制样条曲线。

3）闭曲线：首尾相接的样条曲线。

4）开曲线：首尾不相接的样条曲线。

**注意**

用很多小段的直线加工所得的曲线不够光滑，所以在CAXA制造工程师中可以用圆弧表示样条曲线，以使其在加工时更加光滑，生成的G代码也更简单。

1）在菜单栏中选择"造型"→"曲线生成"→"样条"→"圆弧"选项。

2）在命令行中选择离散方式及离散参数。

3）拾取需要离散为圆弧的样条曲线，状态栏将显示出该样条曲线离散的圆弧段数。

①步长离散：以等步长将样条曲线离散为点，然后将离散的点拟合为圆弧。

②弓高离散：按照样条曲线的弓高误差将其离散为圆弧。

**2. 公式曲线**

公式曲线是数学表达式的曲线图形，即根据数学公式（或参数表达式）绘制出的数学曲线，公式既可以直角坐标形式给出，也可以极坐标形式给出。公式曲线为用户提供了一种更加方便、精确的作图手段，以适应某些精确型腔、轨迹线型的作图要求。用户只要交互输入数学公式，给定参数，计算机便会自动绘制出该公式描述的曲线。

1）在菜单栏中选择"造型"→"曲线生成"→"公式曲线"选项，或者直接单击"公式曲线"按钮 *f(x)*，弹出"公式曲线"对话框，如图2-58所示。

2）选择坐标系，给出参数及参数方式，单击"确定"按钮，然后给出公式曲线的定位点，即可完成操作。

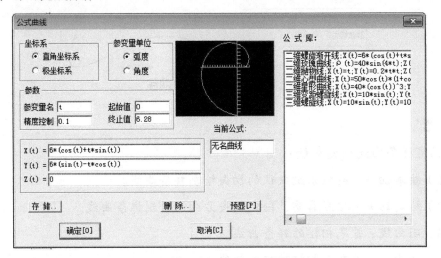

图2-58 "公式曲线"对话框

**参考**

"公式曲线"对话框中各按钮的功能：

1）存储：将当前的公式曲线存入系统中，而且可以存储多条公式曲线。

2）提取：取出以前存入系统中的公式曲线。

3）删除：将存入系统中的某一公式曲线删除。

4）预显：在右上角框内显示新输入或修改参数的公式曲线。

公式曲线可以使用的数学函数有 sin、cos、tan、asin、acos、atan、sinh、cosh、sqrt、exp、log、log10，共 12 个。函数的使用格式与 C 语言中的用法相同，所有函数的参数须用括号括起来。

使用公式曲线的数学函数时须注意以下问题：

1）三角函数 sin、cos、tan 的参数单位采用角度制，如 sin(30) = 0.5，cos(45) = 0.707。

2）反三角函数 asin、acos、atan 返回值的单位为角度制，如 acos(0.5) = 60，atan(1) = 45。

3）sinh、cosh 为双曲线函数。

4）sqrt(x) 表示 x 的平方根，如 sqrt(36) = 6。

5）exp(x) 表示 e 的 x 次方。

6）log(x) 表示 lnx( 自然对数 )，log10(x) 表示以 10 为底的对数。

7）幂用"^"表示，如 x^5 表示 x 的 5 次方。

8）求余运算用 % 表示，如 18%4 = 2，2 为 18 除以 4 后的余数。

9）在表达式中，乘号用"*"表示，除号用"/"表示；表达式中没有中括号和大括号，只能用小括号。如以下表达式是合法的表达式：

$$x(t)=6*(cos(t)+t*sin(t))$$

$$y(t)=6*(sin(t)-t*cos(t))$$

$$z(t)=0$$

图 2-59 所示为使用公式曲线进行二维抛物线的绘制时，相应的参数设置情况。

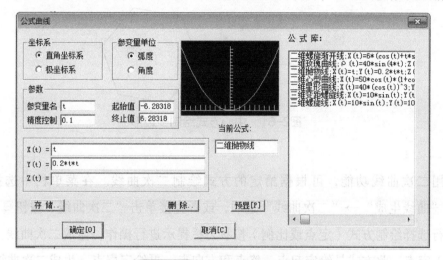

**图2-59** 抛物线绘制参数设置

**3. 多边形**

利用多边形功能，可在定点处绘制一个外接圆半径已知、边数已知的正多边形。其定位方式由菜单及操作提示给出。在菜单栏中选择"造型"→"曲线生成"→"多边形"选项，或者直接单击"正多边形"按钮◎；然后在命令行中选择绘制方式（边和中心）和参数，按状态栏提示进行操作即可。

（1）边　此方式是根据输入的边数绘制正多边形。

1）单击"正多边形"按钮◎，在命令行中选择"边"选项，输入边数。

2）输入边的起点和终点，正多边形即生成，如图 2-60 所示。

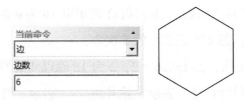

**图2-60** 边方式绘制多边形

（2）中心　此方式是以输入点为中心，绘制内切或外接多边形。

1）单击"正多边形"按钮◎，在命令行中选择"中心"选项，输入边数，选择"内接"或"外接"。

2）输入中心和边终点，正多边形即生成，如图 2-61 所示。

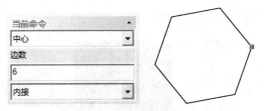

**图2-61** 中心方式绘制多边形

4. 二次曲线

利用二次曲线功能，可根据给定的方式绘制二次曲线。在菜单栏中选择"造型"→"曲线生成"→"二次曲线"选项，或者直接单击"二次曲线"按钮▯；然后在命令行选择绘制方式（定点或比例）按状态栏提示进行操作，生成二次曲线。

（1）定点　此方式是给定起点、终点和方向点，再给定肩点，生成二次曲线。

1）单击"二次曲线"按钮▯，选择"定点"选项，如图 2-62 所示。

2）给定二次曲线的起点、终点和方向点，出现可用光标拖动的二次曲线，给定肩点，即可完成操作。

**图2-62** 定点方式命令行

（2）比例　此方式是给定比例因子、起点、终点和方向点，生成二次曲线。

1）单击"二次曲线"按钮▯，选择"比例"选项，输入比例因子的值，如图 2-63 所示。

2）给定起点、终点和方向点，即可完成操作。

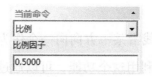

图2-63　比例方式命令行

5. 等距线

利用等距线功能，可绘制给定曲线的等距线，单击带方向的箭头可以确定等距线的位置。在菜单栏中选择"造型"→"曲线生成"→"等距线"选项，或者直接单击"等距线"按钮🔽；然后选取绘制等距线方式（等距或变等距），根据提示完成操作。

（1）等距　按照给定的距离作曲线的等距线。

1）单击"等距线"按钮🔽，在命令行中选择"等距"选项，输入距离。

2）拾取曲线，给出等距方向，等距线即生成，如图 2-64 所示。

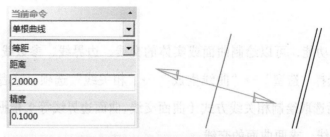

图2-64　等距方式绘制等距线

（2）变等距　按照给定的起始距离和终止距离，沿给定方向生成距离渐变的变等距线。

1）单击"等距线"按钮🔽，在命令行中选择"变等距"选项，输入起始距离、终止距离。

2）拾取曲线，给出等距方向和距离变化方向（从小到大），变等距线即生成，如图 2-65 所示。

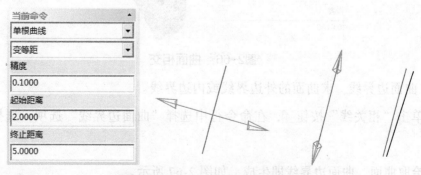

图2-65　变等距方式绘制等距线

6. 曲线投影

曲线投影是指指定一条曲线沿某一方向向一个作为实体的基准平面投射，得到曲线在该基准平面上的投射线。利用这个功能，可以通过已有的曲线作草图平面内的草图线。这一功能不可与将曲线投射到曲面混淆。曲线投影的对象有空间曲线、实体的边和曲面的边。

选择"造型"→"曲线生成"→"曲线投影"选项，或者直接单击"曲线投影"按钮；然后拾取曲线，完成操作。

1）曲线投影功能只能在草图状态下使用。

2）使用曲线投影功能时，可以使用窗口选取投影元素。

7. 相关线

利用相关线功能，可以绘制曲面或实体的交线、边界线、参数线、法线、投射线和实体边界。选择"造型"→"曲线生成"→"相关线"选项，或者直接单击"相关线"按钮；然后选取绘制相关线方式（曲面交线、曲面边界线等），根据提示完成操作。

（1）曲面交线　求两曲面的交线。

1）单击"相关线"按钮，在命令行中选择"曲面交线"选项。

2）拾取第一张曲面和第二张曲面，曲面交线即生成，如图2-66所示。

图2-66　曲面相交

（2）曲面边界线　求曲面的外边界线或内边界线。

1）单击"相关线"按钮，在命令行中选择"曲面边界线"选项，选择单根或全部。

2）拾取曲面，曲面边界线即生成，如图2-67所示。

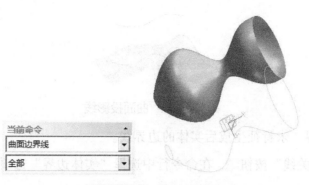

图2-67 曲面边界线

（3）曲面参数线 求曲面的 U 向或 W 向的参数线。

1）单击"相关线"按钮，在命令行中选择"曲面参数线"选项，指定参数线（过点或多条曲线），选择等 W 参数线或等 U 参数线。

2）按状态栏提示进行操作，曲面参数线即生成，如图 2-68 所示。

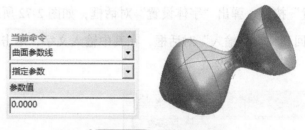

图2-68 曲面参数线

（4）曲面法线 求曲面指定点处的法线。

1）单击"相关线"按钮，在命令行中选择"曲面法线"选项，输入长度值。

2）拾取曲面和点，曲面法线即生成，如图 2-69 所示。

图2-69 曲面法线

（5）曲面投影线 求一条曲线在曲面上的投射线。

1）单击"相关线"按钮，在命令行中选择"曲面投影"选项。

2）拾取曲面，给出投射方向，拾取曲线，曲面投影线即生成，如图 2-70 所示。

图2-70 曲面投影线

（6）实体边界　求特征生成后实体的边界线。

1）单击"相关线"按钮，在命令行中选择"实体边界"选项。

2）拾取实体边界，实体边界即生成。

8. 文字

利用文字功能，可以在 CAXA 制造工程师软件中输入文字。

1）在菜单栏中选择"造型"→"文字"选项，或者直接单击"文字"按钮。

2）指定文字输入点，弹出"文字输入"对话框，如图 2-71 所示。

3）单击"设置"按钮，弹出"字体设置"对话框，如图 2-72 所示。修改设置，单击"确定"按钮，回到"文字输入"对话框，在其中输入文字，单击"确定"按钮，文字即生成。

图2-71 "文字输入"对话框

图2-72 "字体设置"对话框

## 知识拓展

一、曲线编辑

曲线编辑是指有关曲线的常用编辑命令及操作方法，它是交互式绘图软件所不可缺少的基本功能，对于提高绘图速度及质量都具有至关重要的作用。

曲线编辑包括曲线裁剪、曲线过渡、曲线打断、曲线组合和曲线拉伸五种功能。

"曲线编辑"选项安排在主菜单的下拉菜单和线面编辑工具栏中，如图 2-73 所示。曲线编辑工具栏如图 2-74 所示。

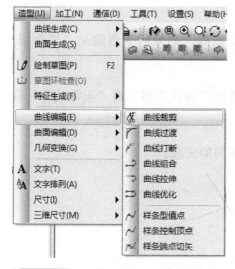

　图2-73　主菜单中的"曲线编辑"选项　　　　　　　图2-74　曲线编辑工具栏

### 1. 曲线裁剪

曲线裁剪是指利用一个或多个几何元素（曲线或点，称为剪刀线）对给定曲线（称为被裁剪线）进行修整，删除不需要的部分，得到新的曲线。

在菜单栏中选择"造型"→"曲线编辑"→"曲线裁剪"选项；或者直接单击"曲线裁剪"按钮，直接调出曲线裁剪命令行，如图 2-75 所示。

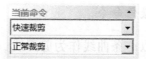

　图2-75　曲线裁剪命令行

曲线裁剪共有四种方式：快速裁剪、线裁剪、点裁剪和修剪。

说　明

线裁剪和点裁剪具有延伸特性。也就是说，如果剪刀线和被裁剪线没有实际交点，则系统会在依次自动延长被裁剪线和剪刀线后对其进行求交，在得到的交点处进行裁剪。

快速裁剪、修剪和线裁剪中的投影裁剪适用于空间曲线之间的裁剪。曲线在当前坐标平面上投射后，进行求交裁剪，从而实现不共面曲线的裁剪。

（1）快速裁剪　快速裁剪是指系统对曲线修剪具有"指哪裁哪"的快速反应。

快速裁剪方式包括正常裁剪和投影裁剪。正常裁剪适合裁剪同一平面上的曲线，投影裁剪适合裁剪不共面的曲线。

快速裁剪功能很实用，如图2-76所示的相交曲线，如果需要删除某一段曲线，则直接选择那段曲线即可。

1）单击"曲线裁剪"按钮，在命令行中选择"快速裁剪"或"正常裁剪"选项（或"投影裁剪"选项）。

2）拾取被裁剪线（选取被裁掉的段），快速裁剪即完成。

图2-76　快速裁剪示意图

1）当系统中的复杂曲线极多时，建议不使用快速裁剪功能。因为在大量复杂曲线的处理过程中，系统计算速度较慢，将影响用户的工作效率。

2）在快速裁剪操作中，拾取同一曲线的不同位置，将产生不同的裁剪结果。

3）右击可以启用前一次操作命令。

（2）线裁剪　线裁剪是指以一条曲线作为剪刀线，对其他曲线进行裁剪。线裁剪命令行如图2-77所示。

线裁剪方式包括正常裁剪和投影裁剪。正常裁剪的功能是以选取的剪刀线为参照，对其他曲线进行裁剪；投影裁剪的功能是将曲线在当前坐标平面上投射后，进行求交裁剪。

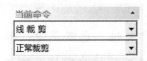

图2-77　线裁剪命令行

1）单击"曲线裁剪"按钮，在命令行中选择"线裁剪"或"正常裁剪"选项（或"投影裁剪"选项）。

2）拾取作为剪刀线的曲线，该曲线变红。

3）拾取被裁剪的线（选取保留的段），线裁剪即完成，如图2-78所示。

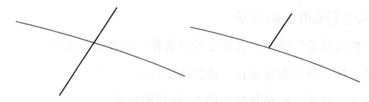

图2-78 线裁剪应用示意图

注意

1）线裁剪具有曲线延伸功能。如果剪刀线和被裁剪线没有实际交点，则系统会在分别自动延长被裁剪线和剪刀线后对其进行求交，在得到的交点处进行裁剪。延伸的规则：直线和样条曲线按端点切线方向延伸，圆弧按整圆处理。由于采用延伸的做法，故可以利用该功能实现对曲线的延伸。

2）在拾取了剪刀线之后，可拾取多条被裁剪线。系统约定拾取的段是裁剪后保留的段，因而可实现多条曲线在剪刀线处齐边的效果。

3）拾取被裁剪线的位置可确定裁剪后保留的曲线段，有时拾取剪刀线的位置也会对裁剪结果产生影响。当剪刀线与被裁剪线有两个以上的交点时，系统约定取离剪刀线上拾取点较近的交点进行裁剪。

（3）点裁剪 点裁剪是指利用点（通常是屏幕点）作为剪刀点，对曲线进行裁剪。点裁剪命令行如图2-79所示。

1）单击"曲线裁剪"按钮，在命令行中选择"点裁剪"选项。

2）拾取被裁剪的线（选取保留的段），该曲线变红。

3）拾取剪刀点，点裁剪即完成。

图2-79 点裁剪命令行

注意

1）点裁剪具有曲线延伸功能，用户可以利用本功能实现曲线的延伸。

2）在拾取了被裁剪线之后，利用点工具菜单输入一个剪刀点，系统将在离剪刀点最近处对曲线施行裁剪。

（4）修剪 修剪是指拾取一条曲线或多条曲线作为剪刀线，对一系列被裁剪线进行裁剪。修剪命令行如图 2-80 所示。

1）单击"曲线裁剪"按钮，在命令行中选择"点裁剪"选项。

2）拾取剪刀线，单击右键确认，该曲线变红。

3）拾取被裁剪线（选取被裁掉的段），修剪即完成。

 图2-80 修剪命令行

修剪与线裁剪和点裁剪不同：系统将裁剪掉所拾取的曲线段，而保留剪刀线另一侧的曲线段；不采用延伸的做法，只在有实际交点处进行裁剪；剪刀线同时也可作为被裁剪线。

2. 曲线过渡

曲线过渡是指对指定的两条曲线进行圆弧过渡、尖角过渡或对两条直线进行倒角过渡。在菜单栏中选择"造型"→"曲线编辑"→"曲线过渡"选项，或者直接单击"曲线过渡"按钮，出现曲线过渡命令行，如图 2-81 所示。

 图2-81 曲线过渡命令行

对于圆弧过渡、尖角过渡和倒角过渡中需要裁剪的情况，拾取的段均是需要保留的段。

（1）圆弧过渡 用于在两条曲线之间进行给定半径的圆弧光滑过渡。

1）单击"曲线过渡"按钮，在命令行中选择"圆弧过渡"选项，输入半径，选择是否裁剪曲线1和曲线2，如图2-82所示。

2）分别拾取第一条曲线和第二条曲线，圆弧过渡即完成。

圆弧在两条曲线的哪个侧边生成取决于两条曲线上的拾取位置。可利用命令行控制是否对两条曲线进行裁剪，此处的裁剪是用生成的圆弧对曲线进行裁剪。系统约定只生成劣弧（圆心角小于180°的圆弧）。

图2-82 圆弧过渡命令行

（2）尖角过渡 用于在给定的两条曲线之间进行过渡。过渡后，两条曲线的交点处呈尖角，一条曲线被另一条曲线裁剪。

1）单击"曲线过渡"按钮，在命令行中选择"尖角裁剪"选项，如图2-83所示。

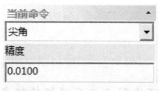

图2-83 尖角过渡命令行

2）依次拾取第一条曲线和第二条曲线，尖角过渡即完成。

（3）倒角过渡 用于在给定的两直线之间进行过渡。过渡后，两直线之间将生成一条按给定角度和长度的直线。

倒角过渡后，两直线可以被倒角线裁剪，也可以不被裁剪。

1）单击"曲线过渡"按钮，在命令行中选择"倒角裁剪"选项，输入角度和距离值，选择是否裁剪曲线1和曲线2，如图2-84所示。

2）分别拾取第一条直线和第二条直线，倒角过渡即完成。

**图2-84** 倒角过渡命令行

3. 曲线打断

曲线打断用于把拾取到的一条曲线在指定点处打断，形成两条曲线，如图 2-85 所示。

1）在菜单栏中选择"造型"→"曲线编辑"→"曲线打断"选项，或者直接单击"曲线打断"按钮 。

2）拾取被打断的曲线，拾取打断点，曲线打断即完成。

a）                                            b）

**图2-85** 曲线打断示意图

a）打断前　b）打断后

在拾取曲线的打断点时，可使用点工具捕捉特征点，以方便操作。

4. 曲线组合

曲线组合功能用于把拾取到的多条相连曲线组合成一条样条曲线。曲线组合有两种方式：保留原曲线和删除原曲线，其命令行如图 2-86 所示。

**图2-86** 曲线组合命令行

1）在菜单栏中选择"造型"→"曲线编辑"→"曲线组合"选项，或者直接单击"曲线组合"按钮。

2）按【Space】键，弹出拾取快捷菜单，选择拾取方式。

3）按状态栏中的提示拾取曲线，单击右键确认，曲线组合即完成。

把多条曲线组合成一条曲线可以得到两种结果：一种是把多条曲线用一个样条曲线表示，此时要求首尾相连的曲线是光滑的。如果首尾相连的曲线有尖点，则系统会自动生成一条光滑的样条曲线。

### 5. 曲线拉伸

曲线拉伸用于将指定曲线拉伸到指定点。

曲线拉伸有伸缩和非伸缩两种方式。伸缩方式就是沿曲线的方向进行拉伸；非伸缩方式是以曲线的一个端点为定点，不受曲线原方向的限制进行自由拉伸。

1）在菜单栏中选择"造型"→"曲线编辑"→"曲线拉伸"选项，或者直接单击"曲线拉伸"按钮。

2）按状态栏中的提示进行操作即可。

### 6. 曲线优化

曲线优化用于对控制顶点太密的样条曲线在给定的精度范围内进行优化处理，以减少其控制顶点。

在菜单栏中选择"造型"→"曲线编辑"→"曲线优化"选项，或直接单击"曲线优化"按钮，出现图2-87所示的命令行，给定优化精度即可。

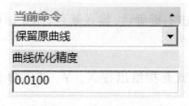

**图2-87　曲线优化命令行**

### 7. 样条编辑

样条编辑用于对已经生成的样条曲线按照需要进行修改。

样条编辑有三种功能：型值点、控制顶点和端点切矢。

在菜单栏中选择"造型"→"曲线编辑"→"样条编辑"选项，在"样条型值点""样条控制顶点"和"样条端点切矢"中选择一种编辑方式。样条编辑示意图如

图 2-88 所示。

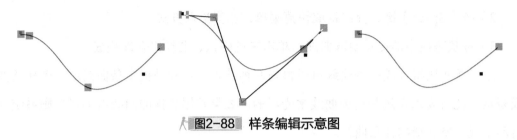

图2-88 样条编辑示意图

二、几何变换功能的使用

几何变换是指对线、面进行变换（对造型实体无效），而且几何变换前后线、面的颜色、图层等属性不发生变换。此功能对编辑图形和曲面有着极为重要的作用，可以极大地方便用户。几何变换共有七种功能：平移、平面旋转、旋转、平面镜像、镜像、阵列和缩放。

1. 平移

平移是指对拾取到的曲线或曲面进行平移或复制。在菜单栏中选择"造型"→"几何变换"→"平移"选项，或者直接单击"平移"按钮；然后按状态栏的提示进行操作。平移有两种方式：两点或偏移量。

（1）两点　两点方式是指给定平移元素的基点和目标点，实现曲线或曲面的平移或复制。

1）单击"平移"按钮，在命令行中选取两点方式，选择复制或平移、正交或非正交。

2）拾取曲线或曲面，单击右键确认，输入基点，用光标可以拖动图形，输入目标点，平移即完成。

（2）偏移量　偏移量方式是指给出在 X、Y、Z 三轴上的偏移量，实现曲线或曲面的平移或复制。

1）单击"平移"按钮，在命令行中选取偏移量方式，选择复制或平移，输入 X、Y、Z 三轴上的偏移量值。

2）状态栏中提示"拾取元素"，选择曲线或曲面，单击右键确认，平移即完成。

2. 平面旋转

平面旋转是指对拾取到的曲线或曲面进行同一平面上的旋转或旋转复制。

平面旋转有拷贝和移动两种方式。拷贝方式除了可以指定旋转角度外，还可以指定复制份数。

1）在菜单栏中选择"造型"→"几何变换"→"平面旋转"选项，或者直接单击"平面旋转"按钮 。

2）在命令行中选择"移动"或"拷贝"，输入角度值。如选择拷贝方式，则还需输入复制份数。

3）指定旋转中心，单击右键确认，平面旋转即完成。

3. 旋转

旋转是指对拾取到的曲线或曲面进行空间的旋转或旋转复制。

旋转有拷贝和平移两种方式。拷贝方式除了可以指定旋转角度外，还可以指定复制份数。

1）在菜单栏中选择"造型"→"几何变换"→"旋转"选项，或者直接单击"旋转"按钮 。

2）在命令行中选择"移动"或"拷贝"，输入角度值，如选择拷贝方式，则还需输入复制份数。

3）给出旋转轴起点、旋转轴末点，拾取旋转元素，单击右键确认，旋转即完成。

4. 平面镜像

平面镜像是指以某一条直线为对称轴，对拾取到的曲线或曲面进行同一平面上的对称镜像或对称复制。

平面镜像有拷贝和平移两种方式。

1）在菜单栏中选择"造型"→"几何变换"→"平面镜像"选项，或者直接单击"平面镜像"按钮 。

2）在命令行中选择"移动"或"拷贝"。

3）拾取镜像轴首点、镜像轴末点，拾取镜像元素，单击右键确认，平面镜像即完成。

5. 镜像

镜像是指以某一条直线为对称轴，对拾取到的曲线或曲面进行空间上的对称镜像或对称复制。

镜像有拷贝和平移两种方式。

1）在菜单栏中选择"造型"→"几何变换"→"镜像"选项，或者直接单击"镜像按钮"按钮⫰，在命令行中选择"移动"或"拷贝"。

2）分别拾取镜像平面上的第一点、第二点和第三点，通过这三点确定一个平面。

3）拾取镜像元素，单击右键确认，完成元素对三点确定的平面的镜像。

### 6. 阵列

陈列是指对拾取到的曲线或曲面，按圆形或矩形方式进行阵列复制　在菜单栏中选择"造型"→"几何变换"→"阵列"选项，或者直接单击"阵列"按钮⊞；选择阵列方式，给出参数，按状态栏的提示进行操作即可。

（1）圆形阵列　对拾取到的曲线或曲面，按圆形方式进行阵列复制。

1）单击"阵列"按钮，在命令行中选择"圆形"选项。若选择"夹角"选项，则给出邻角和填角值；若选择"均布"选项，则给出份数。

2）拾取需阵列的元素，单击右键确认，输入中心点，阵列即完成。

（2）矩形阵列　对拾取到的曲线或曲面，按矩形方式进行阵列复制。

1）单击"阵列"按钮，在命令行中选择"矩形"选项，输入行数、行距、列数和列距四个值。

2）拾取需阵列的元素，单击右键确认，阵列即完成。

### 7. 缩放

缩放是指对拾取到的曲线或曲面按比例放大或缩小。

缩放有拷贝和移动两种方式。

1）在菜单栏中选择"造型"→"几何变换"→"缩放"选项，或者直接单击"缩放"按钮⫰。

2）在命令行中选择"拷贝"或"移动"选项，输入 X、Y、Z 轴的比例。若选择拷贝方式，则需输入份数。

3）输入基点，拾取需要缩放的元素，单击右键确认，缩放即完成。

**思考与练习**

对图 2-89~ 图 2-112 所示图形进行造型设计。

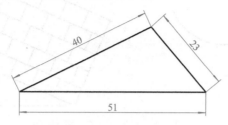

图2-89  造型设计（1）

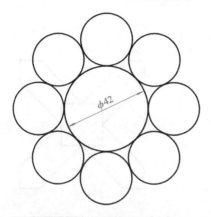

图2-90  造型设计（2）

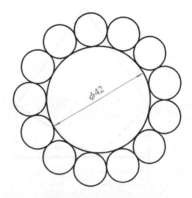

图2-91  造型设计（3）

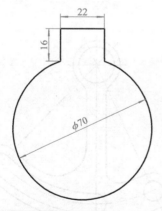

图2-92  造型设计（4）

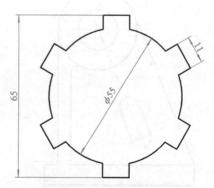

图2-93  造型设计（5）

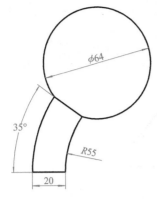

图2-94 造型设计（6）

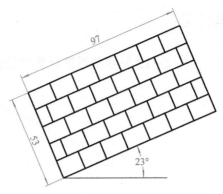

图2-95 造型设计（7）

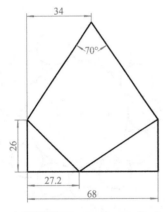

图2-96 造型设计（8）

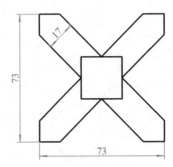

图2-97 造型设计（9）

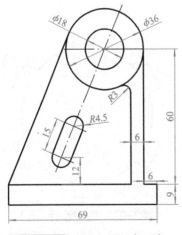

图2-98 造型设计（10）

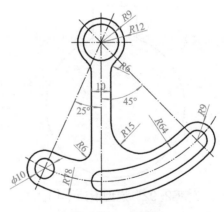

图2-99 造型设计（11）

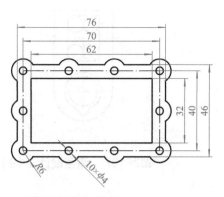

图2-100　造型设计（12）

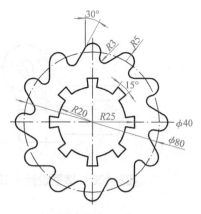

图2-101　造型设计（13）

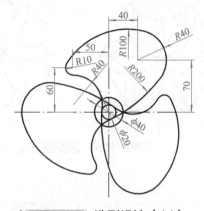

图2-102　造型设计（14）

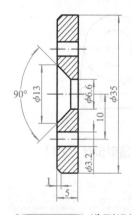

图2-103　造型设计（15）

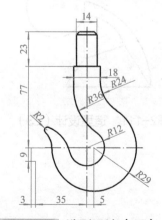

图2-104　造型设计（16）

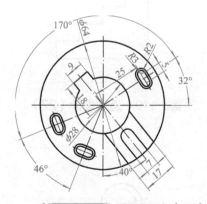

图2-105　造型设计（17）

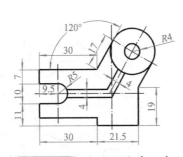

图2-106 造型设计（18）

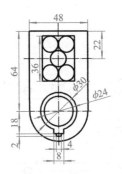

图2-107 造型设计（19）

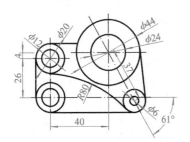

图2-108 造型设计（20）

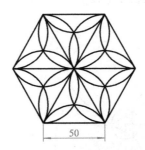

图2-109 造型设计（21）

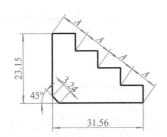

图2-110 造型设计（22）

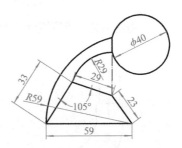

图2-111 造型设计（23）

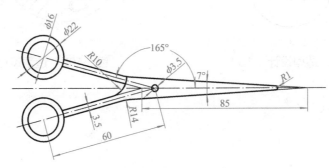

图2-112 造型设计（24）

# 项目三

## CAXA 制造工程师曲面造型设计

### 项目描述

**情景导入**

    根据不同的设计需要，CAXA 制造工程师 2013 为操作者提供了多种曲面造型方法，其曲面编辑功能也非常强大。构造完决定曲面形状的关键线框后，就可以在线框的基础上，选用各种曲面的生成和编辑方法，在线框上构造所需定义的曲面来描述零件的外表面。用户只要通过一些基本命令框的选择和使用，就可以使物体的曲面更加美观、实用。

**项目目标**

- 熟悉曲面造型技术。
- 掌握曲线生成中圆弧、样条线命令的操作方法。
- 掌握曲线编辑中曲线裁剪等命令的操作方法。
- 掌握曲面生成直纹面、扫描面等命令的操作方法。
- 掌握曲面编辑中曲面裁剪、曲面过渡等命令的操作方法。
- 掌握几何变换中阵列命令的操作方法。
- 掌握曲线生成中等距线命令的操作方法。

任务一　　塑料盒的曲面绘制

## 任务描述

通过塑料盒零件（图3-1）的绘制，掌握CAXA制造工程师2013中曲线、曲面及曲线编辑、曲面编辑等功能的使用方法。

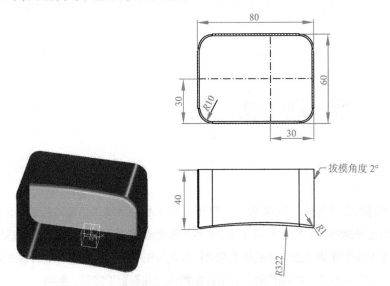

图3-1　塑料盒示意图

## 任务实施

1）单击"矩形"按钮□，出现矩形命令行，如图3-2所示。

2）输入第一点的坐标值"-50,30,0"，确定后在图上绘制出第一点；然后输入第二点的坐标值"30,-30,0"，完成矩形的绘制，如图3-3所示。

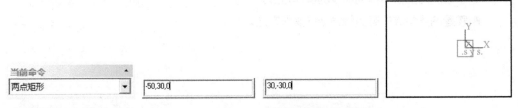

图3-2　矩形命令行　　　　　图3-3　绘制矩形

3）单击"曲线过渡"按钮，通过圆弧过渡方式对矩形进行倒圆角，在命令行中修改半径值为"10"，如图3-4所示。

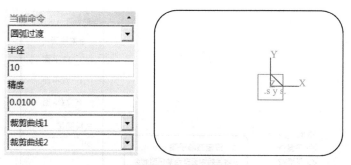

图3-4　倒圆角

4）单击"扫描面"按钮，修改命令行中的扫描距离为40mm，扫描角度为2°。状态栏出现"输入扫描方向"的命令提示，按【Space】键出现方向选择菜单，选择"Z轴正方向"，如图3-5所示。

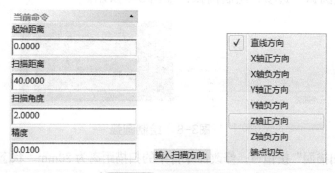

图3-5　扫描图的绘制

5）按顺选择相关直线或圆弧和偏移方向进行扫描，如图3-6所示。

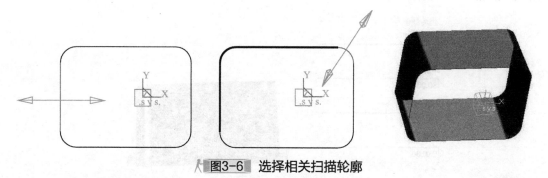

图3-6　选择相关扫描轮廓

6）更改绘图平面为ZX平面，单击"设定当前平面"按钮，出现"当前平面"对话框，如图3-7所示。

图3-7 更改绘图平面

7）按【F7】键，更改显示平面为 XOZ 平面，单击"圆弧"按钮，在圆弧命令行中选择"三点圆弧"选项，绘制圆弧，如图 3-8 所示。

图3-8 绘制圆弧

8）单击"扫描面"按钮，修改命令行中的扫描距离为 80mm。状态栏出现"输入扫描方向"的命令提示，按【Space】键出现方向选择表，选择"Y 轴负方向"，按前述步骤生成扫描底面，如图 3-9 所示。

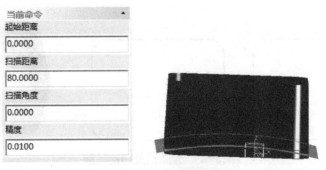

图3-9 生成扫描底面

9）单击"曲面裁剪"按钮，在命令行中选择"裁剪"→"相互裁剪"选项，按命令提示依次选择需要裁剪的两个面，如图 3-10 所示。

 图3-10　对两面进行相互裁剪

10）选择图中的多余线段，在右键菜单中选择"隐藏"选项，隐藏多余线段，完成曲面造型，如图 3-11 所示。

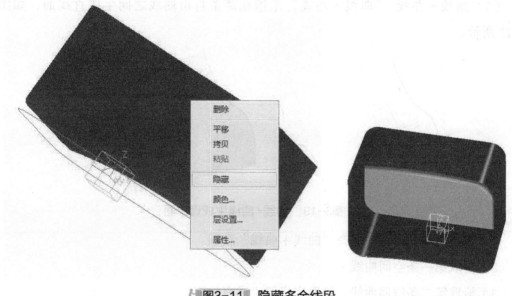

 图3-11　隐藏多余线段

## 知识链接

CAXA 制造工程师曲面生成是进行曲面造型的重点。曲面是由曲线造型生成的，根据曲面特征线的不同组合方式，可以组织不同的曲面生成方式。CAXA 制造工程师中，曲面的生成方式共有十种：直纹面、旋转面、扫描面、边界面、放样面、网格面、导动面、等距面、平面和实体表面。

### 1. 直纹面

直纹面是由一条直线的两个端点分别在两曲线上作匀速运动而形成的轨迹曲面。直纹面是 CAXA 制造工程师中最简单的一种曲面生成方式，它的操作非常简单。生成直纹面时，需要有两条曲线、曲线和点，或者曲线和曲面。根据各已知条件的不同，直纹面的生成有三种方式：曲线＋曲线、点＋曲线和曲线＋曲面，如图3-12所示。

图3-12　直纹面的生成方式

在菜单栏中选择"造型"→"曲面生成"→"直纹面"选项，或者单击"直纹面"按钮⬚；在命令行中选择直纹面的生成方式；按状态栏的提示进行操作，生成直纹面。

（1）曲线＋曲线　"曲线＋曲线"是指在两条自由曲线之间生成直纹面，如图3-13所示。

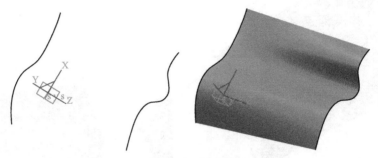

图3-13　曲线+曲线生成直纹面

1）在直纹面命令行中选择"曲线＋曲线"选项。

2）拾取第一条空间曲线。

3）拾取第二条空间曲线，拾取完毕即生成直纹面。

（2）点＋曲线　"点＋曲线"是指在一个点和一条曲线之间生成直纹面，一般是生成扇形面或锥形面。使用这种直纹面生成方式的前提是在绘图区中有一条曲线和空间的工作点。

1）在直纹面命令行中选择"点＋曲线"选项。

2）拾取空间点。

3）拾取空间曲线，拾取完毕即生成直纹面，如图3-14所示。

图3-14　点+曲线生成直纹面

（3）曲线＋曲面　"曲线＋曲面"是指在一条曲线和一个曲面之间生成直纹面。使用这种直纹面生成方式的前提是有一个曲面和一条曲线，如图 3-15 所示的曲面和圆。

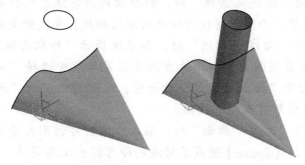

**图3-15**　曲线+曲面生成直纹面

1）选择"曲线＋曲面"选项，出现曲线＋曲面命令行，如图 3-16 所示。

**图3-16**　曲线+曲面命令行

2）在命令行中填写角度和精度。

3）拾取曲面。

4）拾取空间曲线。

5）按【Space】键弹出矢量工具，选择投射方向。

6）单击箭头方向，选择锥度方向，直纹面即生成。

利用"曲线＋曲面"方式生成直纹面时，曲线沿着一个方向向曲面投射，同时曲线在与这个方向垂直的平面内以一定的锥度扩张或收缩，生成另外一条曲线，在这两条曲线之间生成直纹面。

　**参　数**

　　角度：锥体素线与中心线之间的夹角。

注意

1）生成方式为"曲线＋曲线"时，拾取曲线时应注意拾取点的位置，应拾取曲线的同侧对应位置。否则，将使两曲线的方向相反，生成的直纹面会发生扭曲。

2）生成方式为"曲线＋曲线"时，如系统提示"拾取失败"，可能是由于拾取设置中没有这种类型的曲线。解决方法是在菜单栏中选择"设置"→"拾取过滤设置"选项，打开"拾取过滤器"对话框，在此对话框的"图形元素的类型"选项组中单击"选中所有类型"按钮。

3）生成方式为"曲线＋曲面"时，输入方向时可利用矢量工具菜单。在需要这些工具菜单时，按【Space】键或鼠标滚轮即可弹出工具菜单。

4）生成方式为"曲线＋曲面"时，当曲线沿指定方向以一定的锥度向曲面投射作直纹面时，如曲线的投影不能全部落在曲面内，则直纹面将无法作出。

2. 扫描面

扫描面是指按照给定的起始位置和扫描距离，将曲线沿指定方向以一定的锥度扫描生成曲面。

1）在菜单栏中选择"造型"→"曲面生成"→"扫描面"选项，或者单击"扫描面"按钮。

2）填入起始距离、扫描距离、扫描角度和精度等参数。

3）按【Space】键弹出矢量工具，选择扫描方向。

4）拾取空间曲线。

5）若扫描角度不为零，则选择扫描夹角方向，扫描面即生成，如图3-17所示。

**图3-17** 扫描面示意图

参　数

起始距离：生成曲面的起始位置与曲线平面在沿扫描方向上的间距。

扫描距离：生成曲面的起始位置与终止位置在沿扫描方向上的间距。

扫描角度：生成的曲面素线与扫描方向间的夹角。

图3-18所示为扫描起始距离不为零的情况。

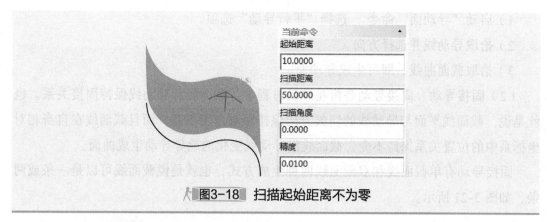

图3-18 扫描起始距离不为零

### 3. 导动面

导动面是指让特征截面线沿着特征轨迹线的某一方向扫动生成的曲面。为了满足不同形状的要求，在扫动过程中，可以对截面线和轨迹线施加不同的几何约束，让截面线和轨迹线之间保持不同的位置关系，以生成形状多样的导动曲面。例如，截面线沿轨迹线运动过程中，可以让截面线绕其自身旋转，也可以绕轨迹线扭转，还可以进行变形处理，这样就产生了各种方式的导动曲面。导动面的生成有六种方式：平行导动、固接导动、导动线＆平面、导动线＆边界线、双导动线和管道曲面，如图3-19所示。

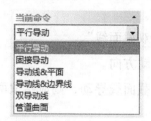

图3-19 导动面生成方式

在菜单栏中选择"造型"→"曲面生成"→"导动面"选项，或者直接单击"导动面"按钮 ；选择导动方式；根据不同导动方式下的提示，完成操作。

（1）平行导动 平行导动是指截面线始终沿导动线趋势作平行于其自身的移动而生成曲面，截面线在运动过程中没有任何旋转，如图3-20所示。

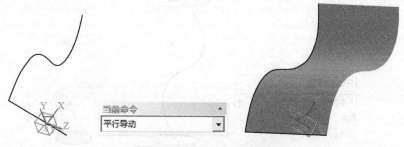

图3-20 平行导动示意图

1）启动"导动面"命令，选择"平行导动"选项。

2）拾取导动线并选择方向。

3）拾取截面曲线，即可生成导动面。

（2）固接导动　固接导动是指在导动过程中，截面线和导动线保持固接关系。也就是说，截面线平面与导动线的切矢方向保持相对角度不变，而且截面线在自身相对坐标系中的位置关系保持不变，截面线沿导动线变化的趋势导动生成曲面。

固接导动有单截面线和双截面线两种生成方式，也就是说截面线可以是一条或两条，如图3-21所示。

**图3-21** 固接导动示意图

1）选择"固接导动"选项。

2）选择"单截面线"或"双截面线"。

3）拾取导动线，并选择导动方向。

4）拾取截面线。如果是双截面线导动，则应拾取两条截面线。

5）生成导动面。

（3）导动线&平面　截面线按以下规则沿一条平面或空间导动线（脊线）扫动生成曲面：截面线平面的方向与导动线上每一点切矢方向之间的夹角始终保持不变；截面线的平面方向与所定义平面法矢的方向始终保持不变。

导动线&平面导动方式尤其适用于导动线是空间曲线的情形，截面线可以是一条或两条，如图3-22所示。

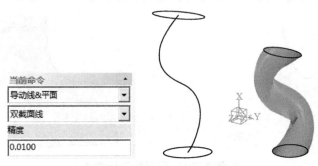

**图3-22** 导动线&平面示意图

### 任务描述

通过苹果回转曲面（图 3-23）的绘制，掌握 CAXA 制造工程师 2013 中曲线的绘制方法及回转曲面的生成方法。

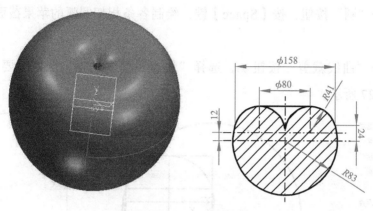

图3-23　苹果回转曲面

### 任务实施

1）单击"矩形"按钮□，选择"两点矩形"方式，第一点在屏幕中选择原点，第二点输入"@79,53,0"，确定后完成矩形的绘制，如图 3-24 所示。

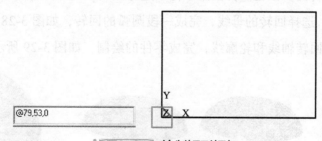

图3-24　绘制矩形框架

2）单击"偏移"按钮□，在偏移命令行输入需要偏移的距离"39.5"；选择图中的一条线段，选择偏移的方向，完成偏移操作。按图 3-23 所示尺寸"12""24"，依次偏移，如图 3-25 所示。

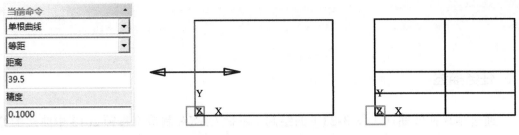

**图3-25　偏移法绘制参考线**

3）单击"圆"按钮，按【Space】键，绘制各条相切圆弧的苹果截面，如图3-26所示。

4）单击"曲线裁剪"按钮，选择"快速裁剪"选项，选择需要裁剪的线段，效果如图3-27所示。

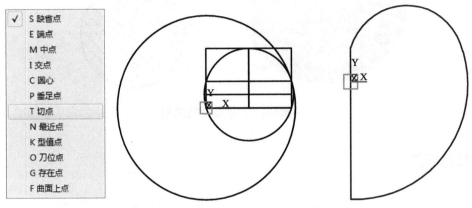

**图3-26　绘制各相切圆弧**　　　**图3-27　修剪完成后的轮廓线**

5）单击"旋转面"按钮，在命令行中选择回转360°，选择回转轴为中间的直线、方向为向上，选择回转的母线，完成一段圆弧的回转，如图3-28所示。

6）依次选取回转轴线和轮廓线，完成零件的绘制，如图3-29所示。

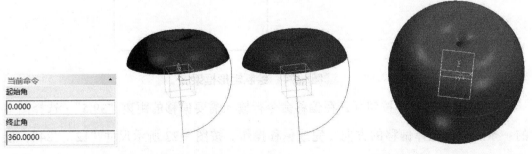

**图3-28　回转轴和轮廓线的选取**　　　**图3-29　苹果零件完成图**

## 知识链接

**一、曲面生成**

1. 旋转面

旋转面是指按给定的起始角度和终止角度将曲线绕一旋转轴旋转而生成的轨迹曲面。

1）在菜单栏中选择"造型"→"曲面生成"→"旋转面"选项，或者单击"旋转面"按钮 。

2）输入起始角和终止角的角度值。

3）拾取空间直线作为旋转轴，并选择旋转方向。

4）拾取空间曲线作为母线，拾取完毕即可生成旋转面，如图3-30所示。

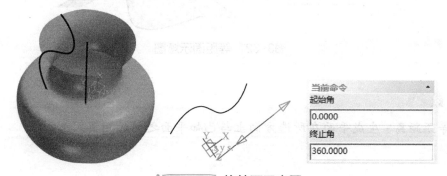

图3-30 旋转面示意图

**参数**

起始角：生成曲面的起始位置与由母线和旋转轴构成的平面间的夹角。

终止角：生成曲面的终止位置与由母线和旋转轴构成的平面间的夹角。

图3-31所示为起始角为20°、终止角为90°的情况。

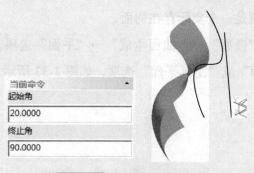

图3-31 旋转面生成示例

2. 等距面

等距面是指按给定距离与等距方向生成与已知平面（曲面）等距的平面（曲面）。这个命令类似于曲线中的"等距线"命令，不同的是"线"改成了"面"。

1）在菜单栏中选择"造型"→"曲面生成"→"等距面"选项，或者单击"等距面"按钮 。

2）输入等距距离。

3）拾取平面，选择等距方向。

4）生成等距面，如图 3-32 所示。

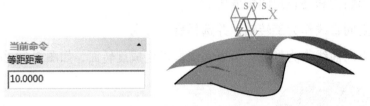

**图3-32** 等距面示意图

**参 数**

等距距离：生成平面在所选方向上与已知平面之间的距离。

**注 意**

如果曲面的曲率变化太大，则等距距离应小于最小曲率半径。

3. 平面

平面是指利用多种方式生成所需平面。平面与基准面的比较：基准面是绘制草图时的参考面，而平面则是一个实际存在的面。

在菜单栏中选择"造型"→"曲面生成"→"平面"选项，或者单击"平面"按钮 ；选择"裁剪平面"或"工具平面"选项，如图 3-33 所示；按照状态栏的提示完成操作。

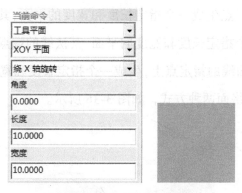

图3-33　平面命令行

（1）裁剪平面　由封闭内轮廓进行裁剪，形成有一个或多个边界的平面。封闭内轮廓可以有多个，如图3-34所示。

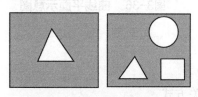

图3-34　裁剪平面示意图

1）拾取平面外轮廓线，并确定链搜索方向，选择箭头方向即可。

2）拾取内轮廓线，并确定链搜索方向，每拾取一个内轮廓线确定一次链搜索方向。

3）拾取完毕，单击右键，完成操作。

（2）工具平面　包括 XOY 平面、YOZ 平面、ZOX 平面、三点平面、矢量平面、曲线平面和平行平面 7 种方式。

XOY 平面：绕 X 轴或 Y 轴旋转一定角度，生成一个指定长度和宽度的平面，如图 3-35 所示。

YOZ 平面：绕 Y 轴或 Z 轴旋转一定角度，生成一个指定长度和宽度的平面，如图 3-35 所示。

ZOX 平面：绕 Z 轴或 X 轴旋转一定角度，生成一个指定长度和宽度的平面，如图 3-35 所示。

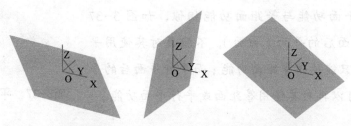

图3-35　XOY、YOZ、ZOX平面示意图

三点平面：按给定三点生成一个指定长度和宽度的平面，其中第一点为平面中点。

矢量平面：生成一个指定长度和宽度的平面，其法线的端点为给定的起点和终点。

曲线平面：在给定曲线的指定点上，生成一个指定长度和宽度的法平面或切平面。曲线平面有法平面和包络面两种方式，如图3-36所示。

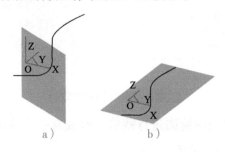

图3-36 曲线平面示意图

a）法平面　b）包络面

1）选择工具平面类型。

2）选择对应类型的相关方式。

3）填写角度、长度和宽度等数值。

4）根据状态栏的提示完成操作。

 **参　数**

角度：生成平面与参考平面之间的锐角。

长度：要生成平面的长度尺寸。

宽度：要生成平面的宽度尺寸。

**注　意**

1）点的输入有两种方式：按【Space】键拾取工具点和按【Enter】键直接输入坐标值。

2）平行平面功能与等距面功能相似，如图3-37所示。但等距面后的平面（曲面），不能再对其使用平行平面功能，只能使用等距面功能；而平行平面后的平面（曲面），可以再对其使用等距面或平行平面功能。

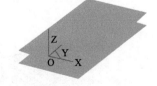

图3-37 平行平面示意图

## 4. 边界面

边界面是指在由已知曲线围成的边界区域上生成的曲面。边界面有两种类型：四边面和三边面。四边面是指通过四条空间曲线生成的平面；三边面是指通过三条空间曲线生成的平面。

1）在菜单栏中选择"造型"→"曲面生成"→"边界面"选项，或者单击"边界面"按钮◇。

2）选择"四边面"或"三边面"。

3）拾取空间曲线，完成操作，如图3-38所示。

**图3-38　边界面示意图**

## 5. 放样面

以一组互不相交、方向相同、形状相似的特征线（或截面线）为骨架进行形状控制生成的曲面称为放样面。

放样面有截面曲线和曲面边界两种生成方式。

在菜单栏中选择"造型"→"曲面生成"→"放样面"选项，或者单击"放样面"按钮◇；选择"截面曲线"或"曲面边界"；按状态栏提示完成操作。

（1）截面曲线　利用一组空间曲线作为截面来生成封闭或不封闭的曲面。

1）选择"截面曲线"方式。

2）选择封闭或不封闭曲面。

3）拾取空间曲线作为截面曲线，拾取完毕后右击确定，完成操作，如图3-39所示。

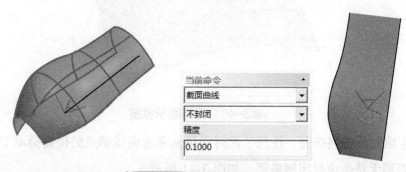

**图3-39　截面曲线示意图**

（2）曲面边界　以曲面的边界线和截面曲线并与曲面相切来生成曲面。

1）选择"曲面边界"方式。

2）在第一条曲面边界线上拾取其所在平面。

3）拾取空间曲线作为截面曲线，拾取完毕后单击右键确定。

4）在第二条曲面边界线上拾取其所在平面，完成操作。

 注　意

1）拾取的一组特征曲线互不相交、方向一致、形状相似，否则生成的曲面将发生扭曲，形状将不可预料。

2）截面线须光滑。

3）须沿着截面线摆放的方位按顺序拾取曲线。

4）拾取曲线时，须保证截面线方向的一致性。

6. 网格面

网格面是指首先构造曲面的特征网格线确定曲面的初始骨架形状，然后用自由曲面插值特征网格线来生成曲面。

特征网格线可以是曲面边界线或曲面截面线等。由于一组截面线只能反映一个方向的变化趋势，故可以引入另一组截面线来限定另一个方向的变化趋势，以形成一个网格骨架，控制两个方向（U和V）的变化趋势，如图3-40所示，使特征网格线基本上反映出设计者想要的曲面形状。在此基础上，插值网格骨架生成的曲面可满足设计者的要求。

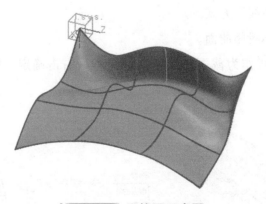

图3-40　网格面示意图

可以生成封闭的网格面。注意：此时必须从靠近曲线端点的位置拾取U向、V向的曲线，否则无法生成封闭网格面，如图3-41所示。

图3-41　封闭网格面生成失败

1）在菜单栏中选择"造型"→"曲面生成"→"网格面"选项，或者单击"网格面"按钮 。

2）拾取空间曲线为U向截面线，单击右键结束。

3）拾取空间曲线为V向截面线，单击右键结束，完成操作，如图3-42所示。

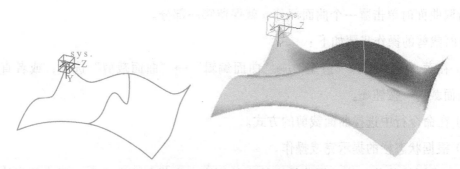

图3-42　网格面生成示意图

7．实体表面

实体表面是指把通过特征生成的实体表面剥离出来而形成一个独立的面。

1）在菜单栏中选择"造型"→"曲面生成"→"实体表面"选项，或者单击"实体表面"按钮 。

2）按提示拾取实体表面，如图3-43所示。

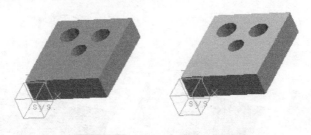

图3-43　实体表面生成示意图

二、曲面编辑

曲面编辑包括曲面裁剪、曲面过渡、曲面缝合、曲面拼接和曲面延伸五种功能。以下主要介绍曲面裁剪和曲面过渡功能。

1. 曲面裁剪

曲面裁剪是指对生成的曲面进行修剪，去掉不需要的部分。在曲面裁剪功能中，用户可以选用各种元素，包括各种曲线和曲面来修理和剪裁曲面，以获得所需要的曲面形态；也可以将被裁剪了的曲面恢复到原来的样子。

曲面裁剪有五种方式：投影线裁剪、等参数线裁剪、线裁剪、面裁剪和裁剪恢复。在各种曲面裁剪方式中，用户都可以通过切换立即菜单来选用分裂或裁剪的方式。在分裂方式中，系统用剪刀线将曲面分成多个部分，并保留裁剪生成的所有曲面部分。在裁剪方式中，系统只保留用户所需要的曲面部分，其他部分将被裁剪掉。系统根据拾取曲面时鼠标的位置来确定用户所需要的部分，即剪刀线将曲面分成多个部分，用户在拾取曲面时单击哪一个曲面部分，就保留哪一部分。

曲面裁剪的操作步骤如下：

1）在菜单栏中选择"造型"→"曲面编辑"→"曲面裁剪"选项，或者直接单击"曲面裁剪"按钮 。

2）在命令行中选择曲面裁剪的方式。

3）根据状态栏的提示完成操作。

（1）投影线裁剪　将空间曲线沿给定的固定方向投射到曲面上，形成剪刀线来裁剪曲面。

1）在命令行中选择"投影线裁剪"和"裁剪"选项。

2）拾取被裁剪的曲面（选取需要保留的部分）。

3）按【Space】键，弹出矢量工具菜单，选择投射方向。

4）拾取剪刀线。拾取曲线，曲线变红，裁剪完成，如图3-44所示。

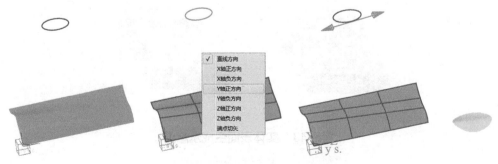

**图3-44** 投影线裁剪示意图

1）裁剪时保留拾取点所在的那部分曲面。

2）拾取的裁剪曲线沿指定投射方向向被裁剪曲面投射时必须有投射线，否则将无法裁剪曲面。

3）在输入投射方向时，可利用矢量工具菜单。

4）当剪刀线与曲面边界线重合或部分重合及相切时，可能得不到正确的裁剪结果。

（2）线裁剪　将曲面上的曲线沿曲面法矢方向投射到曲面上，形成剪刀线来裁剪曲面。

1）在命令行中选择"线裁剪"和"裁剪"选项。

2）拾取被裁剪的曲面（选取需要保留的部分）。

3）拾取剪刀线。拾取曲线，曲线变红，裁剪完成。

1）裁剪时，保留拾取点所在的那部分曲面。

2）若裁剪曲线不在曲面上，系统会将曲线按距离最近的方式投射到曲面上来获得投射曲线，然后利用投射曲线对曲面进行裁剪，当此投射曲线不存在时，裁剪失败。

3）若裁剪曲线与曲面边界无交点，且不在曲面内部封闭，则系统会将其延长到曲面边界，如图3-45所示。

图3-45　线裁剪示意图

4）利用与曲面边界线重合或部分重合及相切的曲线对曲面进行裁剪时，可能得不到正确的结果，因此应尽量避免这种情况。

（3）面裁剪　对剪刀曲面和被裁剪曲面求交，用求得的交线作为剪刀线来裁剪曲面。

1）在命令行中选择"面裁剪""裁剪"或"分裂""相互裁剪"或"裁剪曲面1"选项。

2）拾取被裁剪的曲面（选取需要保留的部分）。

3）拾取剪刀曲面，裁剪完成，如图3-46所示。

 **图3-46　面裁剪示意图**

注意

1）裁剪时，保留拾取点所在的那部分曲面。

2）两曲面必须有交线，否则无法裁剪曲面。

3）两曲面在边界线处相交或部分相交以及相切时，可能得不到正确的结果，应尽量避免这种情况。

4）若曲面交线与被裁剪曲面边界无交点，且不在其内部封闭，则系统会将交线延长到被裁剪曲面边界后实行裁剪。应避免这种情况。

### 2. 曲面过渡

曲面过渡是指在给定的曲面之间，以一定的方式作给定半径或半径规律的圆弧过渡面，以实现曲面之间的光滑过渡，即用截面是圆弧的曲面将两个曲面光滑地连接起来，过渡面不一定过原曲面的边界。曲面过渡共有七种方式：两面过渡、三面过渡、系列面过渡、曲线曲面过渡、参考线过渡、曲面上线过渡和两线过渡。

曲面过渡支持等半径过渡和变半径过渡。变半径过渡是指半径沿着过渡面是变化的。不管是线性变化半径还是非线性变化半径，系统都提供有力的支持，用户可以通过给定导引边界线或给定半径变化规律的方式来实现变半径过渡。

曲面过渡的操作步骤如下：

1）在菜单栏中选择"造型"→"曲面编辑"→"曲面过渡"选项，或者直接单击"曲面过渡"按钮。

2）选择曲面过渡的方式。

3）根据状态栏的提示完成操作。

（1）两面过渡　对两个曲面进行过渡的操作方式，过渡半径可以是相等的或变化的。变半径生成的过渡面的截面将沿两曲面的法矢方向摆放。两面过渡有两种方式，即等半径过渡和变半径过渡，如图3-47所示。

**图3-47　两面过渡**

等半径两面过渡有裁剪曲面、不裁剪曲面和裁剪指定曲面三种方式，如图3-48所示。

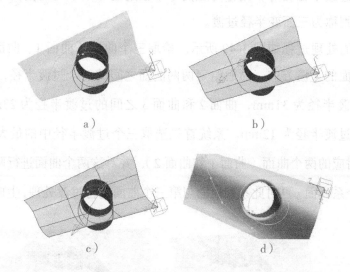

a）　　　　　　　　　　　　　b）

c）　　　　　　　　　　　　　d）

**图3-48　两面过渡裁剪方式**

a）选择被修剪曲面　b）选择修剪曲面　c）选择修剪方向　d）修剪完成

在变半径两面过渡方式下，可以通过拾取参考线来定义半径变化规律，过渡面将从头到尾按此半径变化规律来生成。在这种情况下，依靠拾取的参考线和过渡面中心线之间弧长的比例关系来反映半径变化规律。因此，参考曲线越接近过渡面的中心线，就越能在需要的位置上获得给定的精确半径。同样，变半径两面过渡也分为裁剪曲面、不裁剪曲面和裁剪指定曲面三种方式。

等半径两面过渡与变半径两面过渡的操作步骤不同，下面分别予以介绍。

1）等半径两面过渡。

①在命令行中选择"两面过渡"→"等半径"选项和是否裁剪曲面，输入半径值。

②拾取第一个曲面，并选择方向。

③拾取第二个曲面，并选择方向，曲面过渡完成。

2）变半径两面过渡。

①在命令行中选择"两面过渡"→"变半径"选项和是否裁剪曲面。

②拾取第一个曲面，并选择方向。

③拾取第二个曲面，并选择方向。

④拾取参考曲线。

⑤指定参考曲线上的点并定义半径，指定点后弹出立即菜单，在其中输入半径值。

⑥指定多点及其半径，所有点都指定完后，单击右键确认，曲面过渡完成。

（2）三面过渡　当绘图空间中有三个曲面时，对三个曲面进行过渡。如果两两曲面之间的三个过渡半径相等，则称为三面等半径过渡；如果两两曲面之间的三个过渡半径不相等，则称为三面变半径过渡。

三面过渡的处理过程如图 3-49 所示。拾取三个曲面（曲面 1、曲面 2 和曲面 3），并选取每个曲面的过渡方向，然后给定两两曲面之间的三个过渡半径，如曲面 1 和曲面 2 之间的过渡半径为 31mm，曲面 2 和曲面 3 之间的过渡半径为 23mm，曲面 3 和曲面 1 之间的过渡半径为 12mm。系统首先选取三个过渡半径中的最大半径（这里为 31mm）及其对应的两个曲面（曲面 1 和曲面 2），并对这两个曲面进行两面过渡和自动裁剪，形成一个系列面；再对此系列曲面与第三个曲面进行过渡处理，生成三面过渡面。

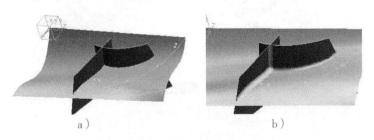

a)　　　　　　　　　　　　b)

**图3-49　三面过渡的处理过程**

a）三个曲面及其过渡方向　b）两个曲面过渡形成的系列面及其过渡方向

如图 3-50 所示，对于以上第一步骤中形成的系列面，其方向有以下规定：与原曲面 1、曲面 2 过渡方向相同的方向，如方向 1，称为系列面的内部方向，系列面沿此方向与曲面 3 进行过渡，生成三面过渡的方式称为三面内过渡，如图 3-50a 所示；与原曲面 1、曲面 2 过渡方向相反的方向，如方向 2，称为系列面的外部方向，系列面沿此方向与曲面 3 进行过渡，生成三面过渡的方式称为三面外过渡，如图 3-50b所示。

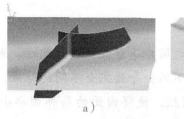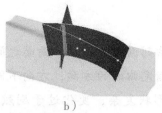

a）　　　　　　　　　　　　　　　　b）

**图3-50** 三面过渡的方向

a）三曲面内过渡　b）三曲面外过渡

三面过渡的操作步骤如下：

1）在命令行中选择"三面过渡"→"内过渡"或"外过渡"，选择"等半径"或"变半径"选项和是否裁剪曲面，输入半径值。

2）按状态栏中的提示拾取曲面，选择方向，完成曲面过渡。

（3）系列面过渡　当绘图区中有首尾相接、边界重合，并在重合边界处保持光滑连接的多张曲面需要过渡时，可以通过系列面进行过渡。系列面过渡就是在两个系列面之间进行过渡处理。

系列面过渡支持给定半径的等半径过渡和给定半径变化规律的变半径过渡两种方式。在变半径过渡中，可以通过拾取参考线来定义半径变化规律，过渡面将从头到尾按此半径变化规律来生成，如图3-51所示。

1）等半径系列面过渡。

①在命令行中选择"系列面过渡"→"等半径"选项和是否裁剪曲面，输入半径值。

②依次拾取第一系列所有曲面，拾取完后单击右键确定。

③改变曲线方向（在选定曲面上点取）。当显示的曲面方向与所需方向不同时，点取该曲面，则曲面方向改变。改变完所有需要改变的曲面方向后，单击右键确定。

④依次拾取第二系列所有曲面，拾取完后单击右键确定。

⑤改变曲线方向（在选定曲面上点取），然后单击右键确定，系列面过渡完成。

2）变半径系列面过渡。

①在命令行中选择"系列面过渡"→"变半径"选项和是否裁剪曲面。

②依次拾取第一系列所有曲面，单击右键确定。

③改变曲线方向（在选定曲面上点取），单击右键确定。

④依次拾取第二系列所有曲面，拾取完后单击右键确定。

⑤改变曲线方向（在选定曲面上点取），单击右键确定。

⑥拾取参考曲线。

⑦指定参考曲线上的点并定义半径，弹出输入半径对话框，输入半径值，确认完成。

**注　意**

1）在一个系列面中，曲面和曲面之间应尽量保证首尾相连、光滑相接。

2）须正确指定曲面的方向，方向不同会导致完全不同的结果。

3）当曲面形状复杂，变化过于剧烈，使得曲面的局部曲率小于过渡半径时，过渡面将发生自交，形状将难以预料，应尽量避免这种情形，如图3-51所示。

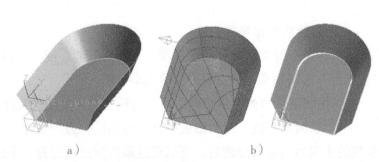

a）　　　　　　　　　　b）

**图3-51　系列面过渡示意图**

a）面过渡前操作　b）面过渡操作

（4）曲线曲面过渡　过曲面外一条曲线,作曲线和曲面之间的等半径或变半径过渡面。

1）等半径曲线曲面过渡。

①在命令行中选择"曲线曲面过渡"→"等半径"选项和是否裁剪曲面,输入半径值。

②拾取曲面。

③单击所选方向。

④拾取曲线，完成曲线曲面过渡。

2）变半径曲线曲面过渡。

①在命令行中选择"曲线曲面过渡"→"变半径"选项和是否裁剪曲面。

②拾取曲面。

③单击所选方向。

④拾取曲线。

⑤指定参考曲线上的点，输入半径值并确定。指定完要定义的所有点后，单击右键确定，曲线曲面过渡即完成。

（5）参考线过渡　根据绘图区中的参考线，在两个相交曲面之间作圆弧过渡，过渡圆弧可以是等半径的或变半径的。等半径过渡使用得比较多，操作比较简单。变半径过渡时，可以在参考线上选定一些位置点来定义所需的过渡半径，以获得在给定截面位置上具有所需精确半径的过渡曲面。

## 思考与练习

1. 根据图 3-52 中的尺寸完成三维造型。

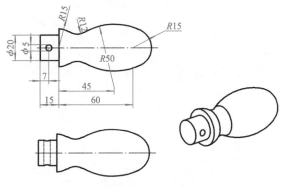

**图3-52**　手柄

2. 根据图 3-53 的要求，采用导动面方式完成三维造型。

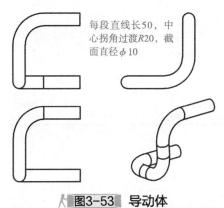

每段直线长50，中心拐角过渡R20，截面直径φ10

**图3-53**　导动体

3. 根据图 3-54 的要求完成三维造型。

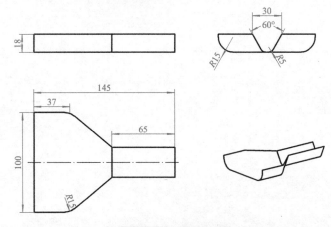

**图3-54**　造型零件

# 项目四

## CAXA 制造工程师实体特征造型

### 项目描述

#### 情景导入

采用精确的数据进行特征造型是 CAXA 制造工程师实体造型的特点之一。它完全抛弃了传统的体素合并和交并差的繁琐方式，将设计信息用特征术语进行描述，使整个设计过程直观、简单、准确。

通常的特征包括孔、槽、型腔、点、凸台、圆柱体、块、锥体、球体、管子等，CAXA 制造工程师可以方便地建立和管理这些特征信息。本项目将详细介绍各种实体造型的方法。CAXA 制造工程师特征生成栏如图 4-1 所示。

图4-1 特征生成栏

#### 项目目标

- 熟悉实体造型的操作过程。
- 掌握草图创建、绘制的方法。
- 掌握曲线生成中平面命令的操作方法。
- 掌握特征生成中拉伸增料、旋转增料命令的操作方法。
- 掌握特征生成中拉伸减料、旋转减料命令的操作方法。
- 了解特征生成中抽壳、过渡命令的操作方法。

任务一　　眼镜盒的实体造型

## 任务描述

通过眼镜盒的实体造型（图4-2），掌握在CAXA制造工程师2013中拉伸、草图的使用，以及过渡功能的使用等。

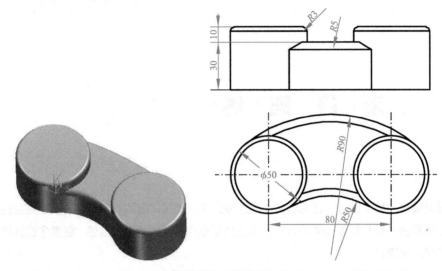

图4-2　眼镜盒实体

## 任务实施

1）选则一个绘制草图的平面，按【F2】键进入草图造型界面。

2）单击"圆"按钮⊙，修改命令行参数，如图4-3所示。

3）单击"圆弧"按钮⌒，选择"三点圆弧"选项，通过点工具菜单画两条与两圆相切的圆弧，如图4-4所示。

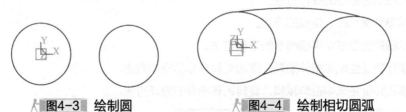

图4-3　绘制圆　　　　　　　　图4-4　绘制相切圆弧

4）启动"曲线修剪"命令，将多余的曲线修剪掉，如图4-5所示。

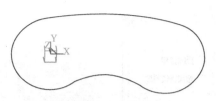

图4-5 修剪后的效果

5）在菜单栏中选择"造型"→"特征生成"→"增料"→"拉伸"选项，在"拉伸增料"对话框的"类型"下拉列表中选择"固定深度"选项，深度选择"30"，将所绘制的草图拉伸成实体，如图 4-6 所示。

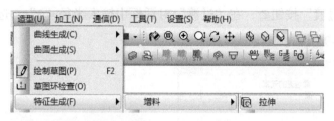

图4-6 拉伸增料

6）在实体上选择面，单击右键弹出右键菜单，选择"创建草图"选项，绘制圆，如图 4-7 所示。

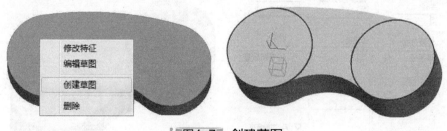

图4-7 创建草图

7）单击工具栏中的"拉伸"按钮，类型选择"固定深度"，深度值为"10"，确定后完成拉伸，如图 4-8 所示。

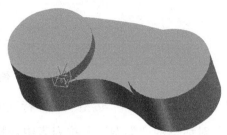

图4-8 拉伸

8）单击"过渡"按钮，在"过渡"对话框中输入半径"3"，选择两个圆的边，作倒圆，如图 4-9 所示。

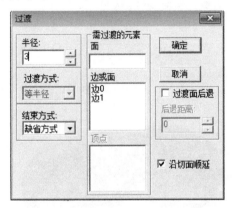

图4-9 过渡

9）单击"过渡"按钮，在过渡对话框中输入半径"5"，选择两个圆弧的边，作倒圆，如图 4-10 所示，完成眼镜盒的实体造型。

图4-10 实体过渡

**知识链接**

1. 草图

CAXA制造工程师中，草图的绘制是进行零件实体造型的重点，也是特征生成的关键步骤。草图也称为轮廓，是特征生成所依赖的曲线组合，是为特征造型准备的一个平面封闭图形。

绘制草图的过程分为确定草图基准面，选择草图状态，绘制图形，编辑图形和修改草图参数五步。

（1）确定草图基准面和选择草图状态草图中的曲线必须依赖于一个基准面，因此绘制新草图前必须选择一个基准面。基准平面可以是特征树中已有的坐标平面（如XOY、XOZ、YOZ坐标平面），如图4-11所示，也可以是实体中生成的某个平面，还可以是构造出来的平面。

**图4-11** CAXA制造工程师基准面

选择基准面很简单，只要单击特征树中的任意平面（包括三个坐标平面和构造的平面），或者直接选择已生成实体的某个平面即可。

基准面是草图和实体赖以存在的平面。因此，为用户提供方便、灵活的构造基准面的方法是非常重要的。CAXA制造工程师提供了"等距平面确定基准平面""过直线与平面成夹角确定基准平面""生成曲面上某点的切平面""过点且垂直于曲线确定基准平面""过点且平行于平面确定基准平面""过点和直线确定基准平面"和"三点确定基准平面"七种构造基准面的方式，从而大大提高了实体造型的速度。

在菜单栏中选择"造型"→"特征生成"→"基准面"选项或者单击"构造基准面"按钮 ，出现"构造基准面"对话框，如图4-12所示。在对话框中选择所需的构造方式，依照"构造方法"选项组下的提示进行相应操作，单击"确定"按钮后，基准面就作好了。在特征树中，可以看到新增了刚刚作好的这个基准平面，如图4-13所示。

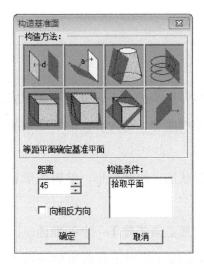

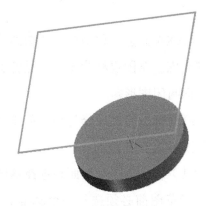

图4-12 "构造基准面"对话框

图4-13 新增基准面

在绘图区中按【F8】键可以使绘图区处于三坐标显示方式，这样可以方便操作者选择相应平面。

（2）绘制图形　通常，操作者可以按【F2】键直接进入草图绘制，再按【F2】键退出；或者在菜单栏中单击"造型"按钮，在下拉菜单中进行选择，如图4-14所示。

（3）图形的编辑和修改　在草图状态下绘制的草图一般要进行编辑和修改。在草图状态下进行的编辑操作只与该草图相关，不能编辑其他草图曲线或空间曲线。

尺寸驱动模块中共有三个功能：尺寸标注、尺寸编辑和尺寸驱动，如图4-15所示。

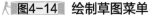

图4-14 绘制草图菜单

图4-15 尺寸标注快捷方式

在草图状态下进行尺寸标注，通过尺寸编辑可以很容易地进行尺寸的编辑和修改工作。先进行尺寸标注，如图4-16a所示；然后单击"尺寸驱动"按钮，选择需要修改的尺寸，出现尺寸修改框，如图4-16b所示；接着输入需要修改的数值并确定，完成后的草图如图4-16c所示。

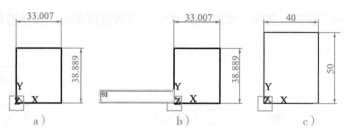

**图4-16** 尺寸标注示例

操作者在进行草图的绘制时，刚开始可以不考虑相关的约束、大小等关系。在草图绘制完成后，对绘制的草图进行尺寸标注，接下来只需改变尺寸的数值，二维草图就会随着给定的尺寸值而变化，达到最终希望的精确形状，这就是草图参数化功能，也就是尺寸驱动功能。草图的参数化功能使得CAXA制造工程师的造型更加简便、精确和快捷。

要检查草图环是否闭合，可以在菜单栏中进行选择操作，也可以直接单击"检查草图环是否闭合"按钮，如图4-17所示。系统将弹出草图是否封闭的提示，如图4-18所示。

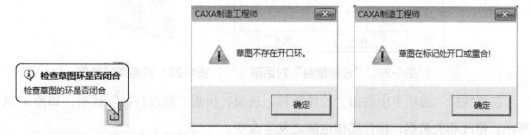

**图4-17** 草图闭合的检查　　　　**图4-18** 草图是否封闭的提示

当草图编辑完成后，单击"绘制草图"按钮，按钮弹起表示退出草图状态，只有退出草图状态后才可以生成特征。草图的绘制和退出按钮如图4-19所示。草图的绘制和退出可以用快捷键【F2】来控制。

**图4-19** 草图的绘制和退出按钮

2.拉伸

在 CAXA 制造工程师中，拉伸分为拉伸增料和拉伸除料。

（1）拉伸增料　草图绘制完成后，需要通过拉伸成为一个三维实体，此时使用"拉伸增料"命令。启动"拉伸增料"命令时，可以在菜单栏中选择"造型"→"特征生成"→"增料"→"拉伸"选项，如图4-20所示；或者直接单击"拉伸增料"按钮，如图4-21所示。

图4-20　拉伸增料的菜单项　　　　　图4-21　"拉伸增料"按钮

进行上述操作后，出现"拉伸增料"对话框，如图4-22所示，在对话框中输入深度值即可确定拉伸长度。单击"确定"按钮完成拉伸增料，生成三维实体，如图4-23所示。

图4-22　"拉伸增料"对话框　　　图4-23　拉伸增料举例

在"特征"选项卡中右击"拉伸增料"选项，出现"修改特征"选项，如图4-24所示。修改相关数据，拉伸实体也随之发生改变。

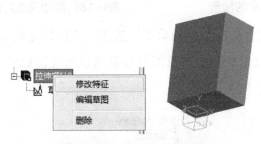

图4-24　"修改特征"选项

进行拉伸增料操作时，随着草图的改变，实体也随之改变，如图4-25所示，所以操作比较方便。

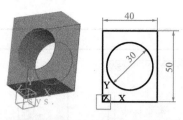

**图4-25** 拉伸增料实体示例

拉伸类型包括"固定深度""双向拉伸"和"拉伸到面"三种，如图 4-26 所示。三种拉伸类型的实体示例见表 4-1。

**图4-26** 拉伸类型

表 4-1 拉伸类型的实体示例

| 拉伸增料类型 | 实体示例 |
|---|---|
| 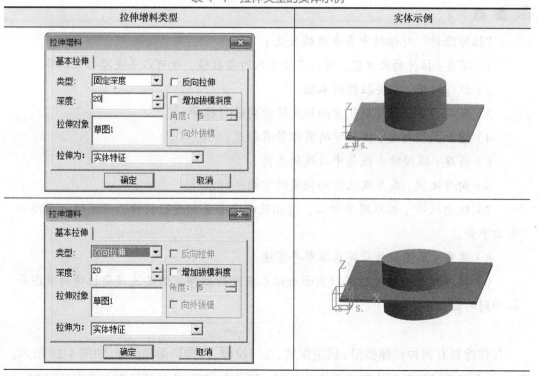 | |

（续）

| 拉伸增料类型 | 实体示例 |
|---|---|
| 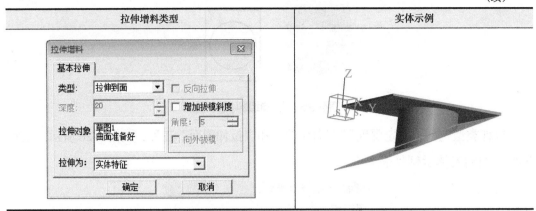 | |

（2）拉伸除料　将一个轮廓曲线根据指定的距离进行拉伸操作，用以生成一个减去材料的特征。在菜单栏中选择"造型"→"特征生成"→"除料"→"拉伸"选项，或者直接单击"拉伸除料"按钮，如图 4-27 所示。

图4-27　拉伸除料菜单

**参数**

"拉伸除料"对话框中各参数的含义：

1）深度：拉伸的尺寸值，可以直接输入所需数值，也可以点击按钮来调节。

2）拉伸对象：需要拉伸的草图。

3）反向拉伸：向与默认方向相反的方向进行拉伸。

4）增加拔模斜度：使拉伸的实体带有锥度。

5）角度：拔模时素线与中心线的夹角。

6）向外拔模：在与默认方向相反的方向进行操作。

7）双向拉伸：以草图为中心，向相反的两个方向进行拉伸，深度值以草图为中心平分。

8）贯穿：草图拉伸后将基体整个穿透。

9）拉伸到面：拉伸位置以曲面为结束点进行拉伸，需要选择要拉伸的草图和拉伸到的曲面。

拉伸除料有四种拉伸类型：固定深度、双向拉伸、拉伸到面和贯穿，如图 4-28 所示。图 4-29 所示为拉伸除料中固定深度的示例，图 4-30 所示为拉伸除料中贯穿的示例。

图4-28　拉伸除料的类型　　　　　图4-29　固定深度拉伸除料示例

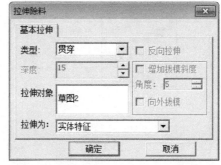

图4-30　贯穿拉伸除料示例

## 任务二　玻璃杯的实体造型

### 任务目标

1）熟悉实体造型的操作过程。

2）掌握特征生成中放样增料、拉伸除料、旋转除料命令的操作方法。

3）掌握特征生成中过渡命令的操作方法。

### 任务描述

完成图 4-31 所示玻璃杯的实体造型。

图4-31　玻璃杯实体

## 任务实施

1）按【F2】键进入草图造型界面。

2）在菜单栏选择"造型"→"特征生成"→"增料"→"放样"选项，或者直接单击"放样增料"按钮 ，弹出"放样"对话框，如图4-32所示。选取放样轮廓草图，单击"确定"按钮，完成操作。

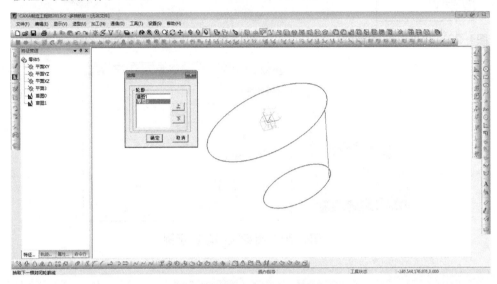

**图4-32** "放样"对话框

3）在菜单栏中选择"造型"→"特征生成"→"除料"→"旋转"选项，或者直接单击"旋转除料"按钮 ，弹出"旋转"对话框，如图4-33所示。选取旋转类型，填入角度，拾取草图和轴线，单击"确定"按钮，完成操作。

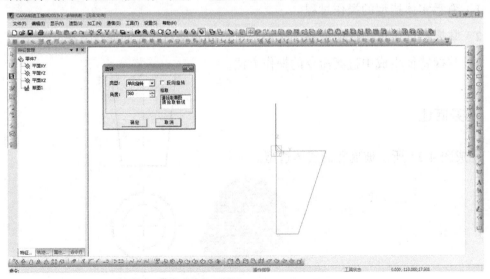

**图4-33** "旋转"对话框

4）在菜单栏中选择"造型"→"特征生成"→"过渡"选项，或者直接单击"过渡"按钮⬚，弹出"过渡"对话框，如图4-34所示。

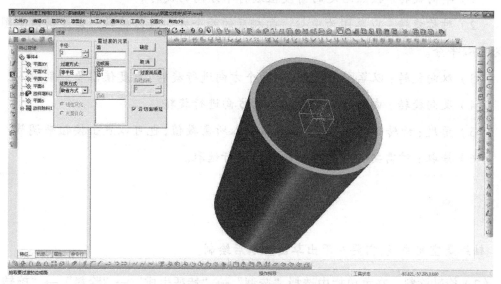

**图4-34** "过渡"对话框

5）填入半径，确定过渡方式和结束方式，选择变化方式，拾取需要过渡的元素，单击"确定"按钮，完成操作。

## 知识链接

### 1. 旋转

（1）旋转增料　在菜单栏中选择"造型"→"特征生成"→"增料"→"旋转"选项，或者直接单击"旋转增料"按钮 ⬚ ，弹出"旋转"对话框，如图4-35所示。

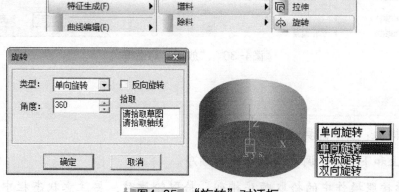

**图4-35** "旋转"对话框

 **参 数**

1）单向旋转：按照给定的角度值进行单方向的旋转。

2）对称旋转：以草图为中心，向相反的两个方向进行旋转，角度值以草图为中心平分。

3）双向旋转：以草图为起点，向两个方向进行旋转，角度值需要分别输入。

4）反向旋转：向与默认方向相反的方向进行旋转。

5）角度：旋转的尺寸值，可以直接输入所需数值，也可以点击按钮来调节。

6）拾取：对需要旋转的草图和轴线进行选取。

**注 意**

轴线是空间曲线，需要在退出草图状态后绘制。

（2）旋转除料　在菜单栏中选择"造型"→"特征生成"→"除料"→"旋转"选项，或者直接单击"旋转除料"按钮，弹出"旋转"对话框。

2. 放样

（1）放样增料　在菜单栏中选择"造型"→"特征生成"→"增料"→"放样"选项，或者直接单击"放样增料"按钮，弹出"放样"对话框，如图4-36所示。

**图4-36** "放样"对话框

**参 数**

1）轮廓：显示需要放样的草图。

2）上和下：用于调节拾取草图的顺序。

轮廓按照操作中的拾取顺序排列。拾取轮廓时，要注意状态栏中的指示，拾取不同的边和位置，会产生不同的结果。

（2）放样除料  放样除料是指根据多个截面线轮廓移出一个实体，截面线应为草图轮廓。在菜单栏中选择"造型"→"特征生成"→"除料"→"放样"选项，或者直接单击"放样除料"按钮，弹出"放样"对话框，如图4-36所示。

3. 导动

（1）导动增料  导动增料是指使某一截面曲线或轮廓线沿着另外一条轨迹线运动生成一个特征实体。截面线应为封闭的草图轮廓，截面线的运动形成了导动曲面。

1）绘制完截面草图和导动曲线后，在菜单栏中选择"造型"→"特征生成"→"增料"选项，或者直接单击"导动增料"按钮，系统会弹出相应的"导动"对话框，如图4-37所示。

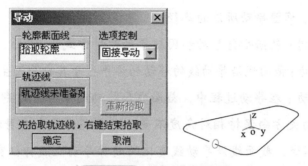

图4-37  "导动"对话框

2）按照对话框中的提示"先拾取轨迹线，右键结束拾取"，先单击导动线的起始线段，根据状态栏提示"确定链搜索方向"，单击"确认"按钮完成拾取，如图4-38所示。

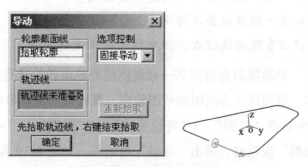

图4-38  确定链搜索方向

3）选取与截面相应的草图，在"选项控制"下拉列表中选择适当的导动方向，如图4-39所示。

4）单击"确定"按钮完成实体造型，如图4-40所示。

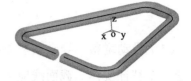

图4-39 选择导动方向　　　　图4-40 导动实体

**参　数**

1）轮廓截面线：需要导动的草图，截面线应为封闭的草图轮廓。

2）轨迹线：草图导动所沿的路径。

3）选型控制：包括平行导动和固接导动两种方式。

4）平行导动：截面线沿导动线的移动始终平行于其自身而生成的特征实体。

5）固接导动：在导动过程中，截面线和导动线保持固接关系，即截面线平面与导动线的切矢方向保持相对角度不变，而且截面线在自身相对坐标系中的位置关系保持不变，截面线沿导动线变化的趋势导动生成特征实体。

6）导动反向：在与默认方向相反的方向进行导动。

**注　意**

1）导动方向和导动线链搜索方向的选择要正确。

2）导动的起始点必须在截面草图平面上。

3）导动线可以由多段曲线组成，但曲线间必须光滑过渡。

（2）导动除料　导动除料是指使某一截面曲线或轮廓线沿着另外一条轨迹线运动移出一个特征实体。截面线应为封闭的草图轮廓，截面线的运动形成了导动曲面。

1）在菜单栏中选择"造型"→"特征生成"→"除料"→"导动"选项，或者直接单击"导动除料"按钮，弹出"导动"对话框，如图4-39所示。

2）选取轮廓截面线和轨迹线，具体方法与"导动增料"一致，然后单击"确定"按钮完成操作。

**注　意**

1）导动方向和导动线链搜索方向的选择要正确。

2）导动的起始点必须在截面草图平面上。

## 任务三　　异形齿轮的实体造型

### 任务目标

1）掌握公式曲线命令的操作方法。

2）掌握特征生成中倒角命令的操作方法。

### 任务描述

完成图 4-41 所示异形齿轮的实体造型。

**图4-41　异形齿轮实体**

### 任务实施

1）按【F2】键进入草图造型界面。

2）按功能键【F5】切换当前平面为 XOY 平面，如图 4-42 所示。

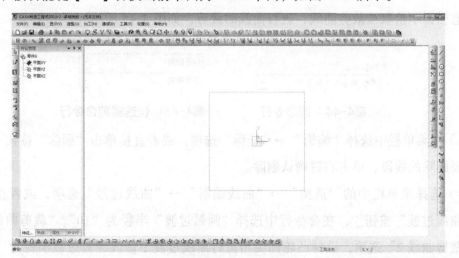

**图4-42　XOY平面**

3）右键单击特征树中的"平面XY"选项，在右键菜单中选择"创建草图"选项，进入草图绘制状态。

4）在菜单栏选择"造型"→"曲线生成"→"公式曲线"选项，或者直接单击"公式曲线"按钮，在弹出的"公式曲线"对话框中设置公式曲线参数；单击"确定"按钮，拾取坐标原点为曲线定位点，生成公式曲线，如图4-43所示。

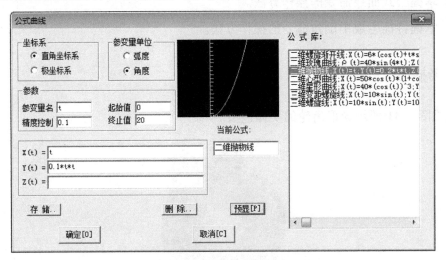

**图4-43** "公式曲线"对话框

5）启动"直线"命令，在命令行中选择"两点线"→"单个"→"非正交"选项，按状态栏提示拾取公式曲线的两个端点，生成连接直线。

6）启动"圆"命令，在命令行中选择"圆心_半径"选项，如图4-44所示。拾取坐标原点为圆心，输入半径"30"，单击右键结束圆的绘制。

7）启动"曲线裁剪"命令，在命令行中选择"快速裁剪"→"正常裁剪"选项，按状态栏提示拾取被裁剪曲线，进行曲线的裁剪，如图4-45所示。

**图4-44** 圆命令行　　　**图4-45** 快速裁剪命令行

8）在菜单栏中选择"编辑"→"删除"选项，或者直接单击"删除"按钮，拾取需要删除的线段，单击右键确认删除。

9）选择菜单栏中的"造型"→"曲线编辑"→"曲线过渡"选项，或者直接单击"曲线过渡"按钮，在命令行中选择"圆弧过渡"半径为"10"、"裁剪曲线1"和"裁剪曲线2"选项，选择凸轮凹尖角进行曲线过渡；修改圆弧过渡半径为"15"，选择凸轮外凸尖角进行曲线过渡。单击"绘制草图"按钮（或者按功能键【F2】），退出草图绘制状态，绘图结果如图 4-46 所示。

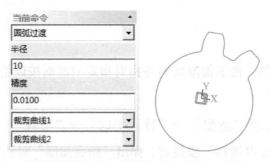

图4-46　圆弧过渡命令行和绘图结果

10）启动"拉伸增料"命令，在"拉伸增料"对话框中选择"固定深度"选项，深度为"30"，拾取异形齿轮草图为拉伸对象，如图 4-47 所示。

11）单击"确定"按钮，生成异形齿轮拉伸实体，如图 4-48 所示。

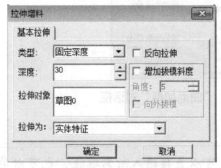

图4-47　拉伸增料　　　　　图4-48　异形齿轮实体

12）启动"过渡"命令，在"过渡"对话框中选择半径为"2"、过渡方式为"等半径"、结束方式为"缺省方式"；选择"沿切面延顺"选项，拾取异形齿轮的上、下曲线边，如图 4-49 所示。

13）单击"确定"按钮，完成圆角过渡，结果如图 4-50 所示。

图4-49　"过渡"对话框　　　图4-50　异形齿轮实体

**知识链接**

1. 曲面加厚

（1）曲面加厚增料　曲面加厚增料是指对指定的曲面按照给定的厚度和方向生成实体。

1）在菜单栏中选择"造型"→"特征生成"→"增料"→"曲面加厚"选项，或者直接单击"曲面加厚增料"按钮 ，弹出"曲面加厚"对话框，如图4-51所示。

2）填入厚度，确定加厚方向，拾取曲面，单击"确定"按钮完成操作。

图4-51　"曲面加厚"对话框

**参　数**

1）厚度：对曲面加厚的尺寸，可以直接输入所需数值，也可以单击按钮来调节。

2）加厚方向1：沿曲面的法线方向生成实体。

3）加厚方向2：沿与曲面法线相反的方向生成实体。

4）双向加厚：从两个方向对曲面进行加厚，生成实体。

5）加厚曲面：需要加厚的曲面。

6）闭合曲面填充：将封闭的曲面生成实体。

"闭合曲面填充"能实现以下功能：闭合曲面填充、闭合曲面填充增料、曲面融合、闭合曲面填充减料。

1）闭合曲面填充。

①绘制完封闭的曲面后，启动"曲面加厚增料"命令，系统弹出"曲面加厚"对话框，选中"闭合曲面填充"复选框，如图4-52所示。

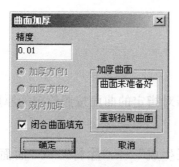

图4-52  选中"闭合曲面"填充复选框

②在对话框中选择适当的精度，按照系统提示拾取所有曲面，单击"确定"按钮完成操作，如图 4-53 所示。

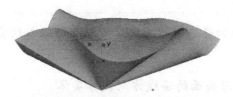

图4-53  闭合曲面填充为实体

2）闭合曲面填充增料。

①闭合曲面填充增料就是在原来实体零件的基础上，根据闭合曲面增加一个实体，和原来的实体构成一个新的实体零件。闭合曲面区域必须有与原实体相接触的部分，且该曲面也必须是闭合的。

②闭合曲面填充增料的方法和命令路径与闭合曲面填充一致。

3）曲面融合。曲面融合就是在实体上用曲面与当前实体围成一个区域，把该区域填充成实体。其方法和命令路径与闭合曲面填充一致。

4）闭合曲面填充减料。用闭合曲面围成的区域裁剪当前实体（布尔减运算），如图 4-54 所示。

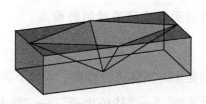

图4-54  闭合曲面填充减料示意图

①绘制完封闭的曲面和实体后，启动"曲面加厚除料"命令，系统弹出"曲面加厚"对话框，选中"闭合曲面填充"复选框。

②在对话框中选择适当的精度，按照系统提示拾取所有曲面，单击"确定"按钮完成操作。

加厚方向的选择要正确。

（2）曲面加厚除料　曲面加厚除料是指对指定的曲面按照给定的厚度和方向进行移出的特征修改。

1）在菜单栏中选择"造型"→"特征生成"→"除料"→"曲面加厚"选项，或者直接单击"曲面加厚除料"按钮 ，弹出"曲面加厚"对话框，如图4-51所示。

2）填入厚度，确定加厚方向，拾取曲面，单击"确定"按钮完成操作。

**参数**

1）厚度：对曲面加厚除料的尺寸，可以直接输入所需数值，也可以单击按钮来调节。

2）加厚方向1：沿曲面的法线方向裁剪实体。

3）加厚方向2：沿与曲面法线相反的方向裁剪实体。

4）双向加厚：从两个方向对曲面进行加厚，裁剪实体。

5）加厚曲面：需要加厚除料的曲面。

6）闭合曲面填充：用闭合曲面围成的区域裁剪当前实体（布尔减运算）。

**注意**

1）加厚方向的选择要正确。

2）应用曲面加厚除料时，实体应至少有一部分大于曲面。若曲面完全大于实体，则系统会提示特征操作失败。

3）曲面填充减料中的曲面必须使用封闭的曲面。

2. 曲面裁剪

曲面裁剪是指用生成的曲面对实体进行修剪，去掉不需要的部分。

1）在菜单栏中选择"造型"→"特征生成"→"除料"→"曲面裁剪"选项，或者直接单击"曲面裁剪除料"按钮 ，弹出"曲面裁剪"对话框，如图4-55所示。

2）拾取曲面，确定是否进行除料方向选择，单击"确定"按钮完成操作。

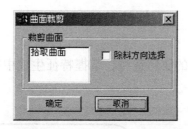

图4-55 "曲面裁剪"对话框

1）裁剪曲面：对实体进行裁剪的曲面，参与裁剪的曲面可以是多张边界相连的曲面。

2）除料方向选择：除去哪一部分实体的选择。进行选择后，分别按照不同方向生成实体。

**注　意**

在特征树中，右键单击"曲面裁剪"选项后选择"修改特征"选项，将弹出图4-56所示的对话框，其中增加了"重新拾取曲面"按钮，可以以此来重新选择裁剪所用的曲面。

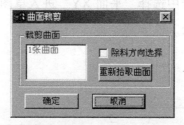

图4-56 增加"重新拾取曲面"按钮的"曲面裁剪"对话框

## 任务四　脚踏板的实体造型

### 任务目标

1）掌握几何变换中缩放命令的操作方法。

2）掌握特征生成中导动增料、放样除料命令的操作方法。

### 任务描述

通过脚踏板（图4-57）的实体造型，掌握特征生成中拉伸、旋转、过渡、剪切等功能使用方法。

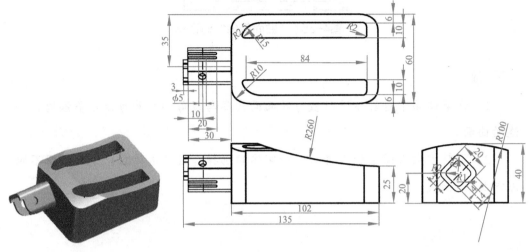

图4-57 脚踏板实体

### 任务实施

1）按【F2】键进入草图造型界面。

2）先在"特征"选项卡中选择"平面XY"进入草图，通过"两点矩形"命令绘制一个矩形，如图4-58所示。

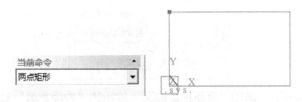

图4-58 绘制矩形

3）单击"圆弧"按钮，选择"三点圆弧"，通过点工具菜单绘制相切的两条圆弧，如图4-59所示。

4）通过"删除"命令把多余的线条删除，如图4-60所示。

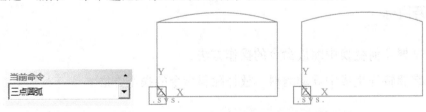

图4-59 绘制圆弧          图4-60 删除多余线条

5）退出草图绘制，启动"拉伸"命令，拉伸深度为"100"，如图 4-61 所示。

图4-61　拉伸增料（1）

6）选择零件的侧面，单击右键，再选择"创建草图"选项，如图 4-62 所示。

7）启动"曲线投影"命令，将实体的边投射到草图内，如图 4-63 所示。

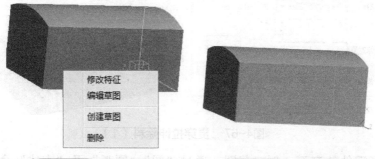

图4-62　创建草图　　　　图4-63　曲线投影

8）启动"直线"命令，在图形的上面和侧边轮廓上绘制两条直线，如图 4-64 所示。

图4-64　绘制直线

9）启动"圆弧"命令，用"三点圆弧"方式绘制一条过渡圆弧，如图 4-65 所示。

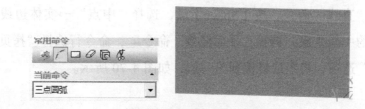

图4-65　绘制过渡圆弧

10）通过"曲线裁剪"命令裁剪多余的曲线，如图 4-66 所示。

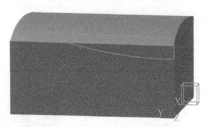

图4-66 裁剪多余的曲线（1）

11）退出草图绘制，启动"拉伸除料"命令，选择拉伸的类型为"贯穿"，如图 4-67 所示。

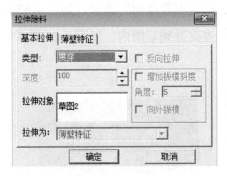

图4-67 贯穿拉伸除料（1）

12）选择零件的底面，创建草图，通过"圆""圆弧"及"直线"命令画一截面草图，如图 4-68 所示。

13）通过"曲线裁剪"命令剪去多余的线条，如图 4-69 所示。

图4-68 绘制截面草图　　　　图4-69 裁剪多余曲线（2）

14）启动"直线"命令，按【Space】键，选择"中点"→实体边线，则直线自动在实体边线的中间生成。选择"平面镜像"命令 ⚑，命令行选择"拷贝"和"轨迹坐标系不阵列"选项，将图形镜像到另一边，如图 4-70 所示。

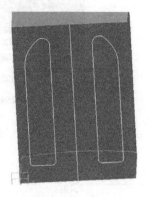

图4-70 镜像（1）

15）退出草图绘制，启动"拉伸除料"命令，拉伸的类型为"贯穿"，如图 4-71 所示。

图4-71 贯穿拉伸除料（2）

16）启动"过渡"命令▢，对实体四边过渡半径为 10mm 的圆角，如图 4-72 所示。

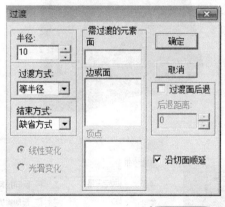

图4-72 过渡圆角

17）选择实体的端面，单击右键创建草图；启动"正多边形"命令▢，选择边数为"4"，如图 4-73 所示。再启动"曲线过渡"命令，将四边形的四个角过渡四个半径为 5mm 的圆角，如图 4-74 所示。

18）退出草图绘制，启动"拉伸增料"命令，选择深度为"30"，如图 4-75 所示。

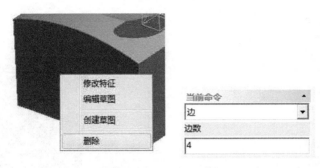

**图4-73** 创建端面草图

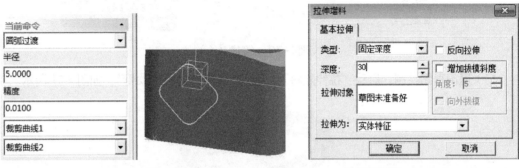

**图4-74** 圆角过渡          **图4-75** 拉伸增料（2）

19）选择顶面，创建草图，通过"曲线投影"命令投射其四边，如图4-76a所示。再通过"等距线"命令绘制等距线，等距距离为3mm，如图4-76b所示，并通过"删除"命令删除最外圈的曲线。最后退出草图，进行拉伸除料，深度为30mm，如图4-76c所示。

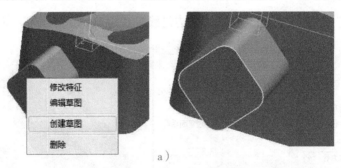

a）

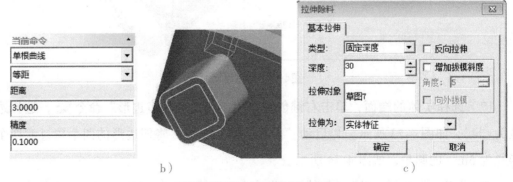

b）          c）

**图4-76** 拉伸除料（2）

20）选择侧面，创建草图，绘制一个圆，通过"拉伸除料"命令将其贯穿，如图 4-77
所示。

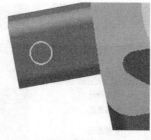

图4-77　打孔

21）选择顶面画草图，通过拉伸除料将其边缘去
除，如图 4-78 所示。

图4-78　修整

22）选择侧面，创建草图，通过"曲线投影"和"曲线过渡"命令画草图，再通
过"拉伸除料"命令将其贯穿，如图 4-79 所示。

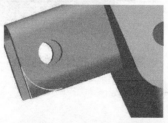

图4-79　拉伸除料成圆角

23）选择顶面，创建草图，通过"曲线投影"命令将其边缘投射到草图上，通过
"直线"和"曲线裁剪"命令对其进行修剪。最后退出草图，通过"拉伸增料"命令
对其进行拉伸，深度为 3mm，如图 4-80 所示。

图4-80　拉伸增料（3）

24）选择实体的一面，创建草图，画一半圆，通过"镜像"命令将其镜像到另一边，如图 4-81 所示。

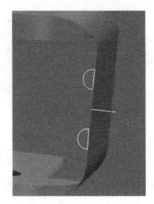

图4-81 镜像（2）

25）退出草图，拉伸除料，深度为 20mm，结果如图 4-82 所示。

图4-82 拉伸除料完成

26）完成后的造型如图 4-83 所示。

图4-83 实体造型完成

## 知识链接

特征处理

1. 过渡

过渡是指以给定的半径或半径规律在实体间作光滑过渡。

1）在菜单栏中选择"造型"→"特征生成"→"过渡"选项，或者直接单击"过渡"按钮，弹出"过渡"对话框，如图4-84所示。

2）输入半径值，确定过渡方式和结束方式，选择变化方式，拾取需要过渡的元素，单击"确定"按钮完成操作。

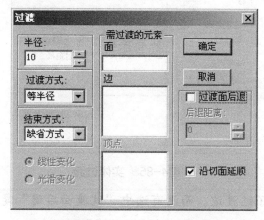

**图4-84** "过渡"对话框

### 参 数

1）半径：过渡圆角的尺寸值，可以直接输入所需数值，也可以单击按钮来调节。

2）过渡方式：有等半径过渡和变半径过渡两种方式。

①等半径：整条边或面以固定的尺寸值进行过渡。

②变半径：对边或面以渐变的尺寸值进行过渡，需要分别指定各点的半径。

3）结束方式：有缺省方式、保边方式和保面方式三种。

①缺省方式：以系统默认的保边或保面方式进行过渡。

②保边方式：线面过渡。

③保面方式：面面过渡。

4）线性变化：在变半径过渡时，过渡边界为直线。

5）光滑变化：在变半径过渡时，过渡边界为光滑的曲线。

6）需要过渡的元素：对需要过渡的实体上的边或面进行选取。

7）顶点：在变半径过渡时，所拾取的边上的顶点。

8）沿切面顺延：在相切的几个表面的边界上拾取一条边时，可以将边全部过渡，先将竖边过渡后，再用此功能选取一条横边。

9）过渡面后退：零件在使用过渡特征时，可以使过渡变得缓慢光滑。

①使用"过渡面后退"功能时，首先要选中"过渡面后退"复选框，然后拾取过渡边，并给定每条边所需要的后退距离，各后退距离可以是相等的，也可以是不相等的，如图4-85所示。

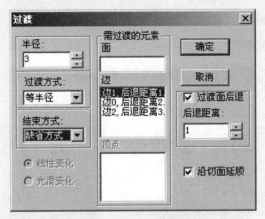

图4-85 实体过渡

②如果先拾取了过渡边，而没有选中"过渡面后退"复选框，则必须重新拾取所有过渡边，这样才能实现"过渡面后退"功能。

③在"过渡"对话框中选择适当的半径值和过渡方式，单击"确定"按钮完成操作。

 注意

1）在进行变半径过渡时，只能拾取边，不能拾取面。

2）变半径过渡时，须注意控制点的顺序。

3）在使用"过渡面后退"功能时，过渡边不能少于3条且必须有公共点。

2. 倒角

倒角是指对实体的棱边进行光滑过渡。

1）在菜单栏中选择"造型"→"特征生成"→"倒角"选项，或者直接单击"倒角"按钮，弹出"倒角"对话框，如图4-86所示。

2）输入距离和角度，拾取需要倒角的元素，单击"确定"按钮完成操作。

图4-86　"倒角"对话框

1）距离：倒角边的尺寸值，可以直接输入所需数值，也可以单击按钮来调节。

2）角度：所倒角度的尺寸值，可以直接输入所需数值，也可以单击按钮来调节。

3）需倒角的元素：对需要过渡的实体上的边进行选取。

4）反方向：在与默认方向相反的方向进行操作，分别按照两个方向生成实体。

### 注意

只有两个平面的棱边才可以倒角。

3. 孔

利用"孔"功能，可在平面上直接去除材料生成各种类型的孔。

1）在菜单栏中选择"造型"→"特征生成"→"孔"选项，或者直接单击"打孔"按钮，弹出"孔的类型"对话框，如图4-87所示。

2）拾取打孔平面，选择孔的类型，指定孔的定位点，单击"下一步"按钮。

3）填入孔的参数，单击"确定"按钮完成操作。

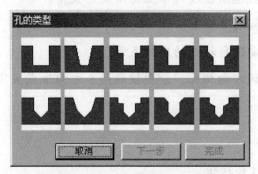

图4-87　"孔的类型"对话框

通孔：将整个实体贯穿。

1）创建通孔时，"深度"选项不可用。

2）指定孔的定位点时，单击平面后按【Enter】键，可以输入打孔位置的坐标值。

4. 拔模

拔模是指保持中性面与拔模面的交轴不变（即以此交轴为旋转轴），对拔模面进行相应拔模角度的旋转操作。此功能用来对几何面的倾斜角进行修改。如图4-88所示的直孔，可以通过拔模操作把其修改成带有一定拔模角的斜孔。

1）在菜单栏中选择"造型"→"特征生成"→"拔模"选项，或者直接单击"拔模"按钮，弹出"拔模"对话框，如图4-89所示。

2）填入拔模角度，选取中立面和拔模面，单击"确定"按钮完成操作。

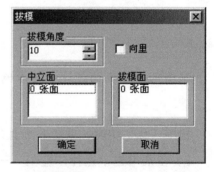

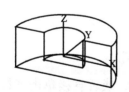

图4-88 拔模示意图　　　　　　图4-89 "拔模"对话框

1）拔模角度：拔模面法线与中立面所夹的锐角。

2）中立面：拔模起始位置。

3）拔模面：需要进行拔模的实体表面。

4）向里：与默认方向相反，分别按照两个方向生成实体。

拔模角度不要超过合理值。

5．抽壳

抽壳是指根据指定的壳体厚度将实心物体抽成内空的薄壳体。

1）在菜单栏中选择"造型"→"特征生成"→"抽壳"选项，或者直接单击"抽壳"按钮，弹出"抽壳"对话框，如图4-90所示。

2）输入抽壳厚度，选取需抽去的面，单击"确定"按钮完成操作。

图4-90　"抽壳"对话框

参　数

厚度：抽壳后实体的壁厚。

需抽去的面：需要拾取并去除材料的实体表面。

向外抽壳：与默认抽壳方向相反，在同一实体上分别按照两个方向生成实体。

6．筋板

筋板是指在指定位置增加加强筋。

1）在菜单栏中选择"造型"→"特征生成"→"筋板"选项，或者直接单击"筋板"按钮，弹出"筋板特征"对话框，如图4-91所示。

2）选取筋板加厚方式，填入厚度，拾取草图，单击"确定"按钮完成操作。

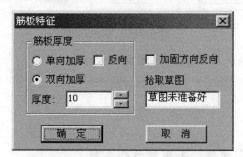

图4-91　"筋板特征"对话框

**参数**

1）单向加厚：按照固定的方向和厚度生成实体，如图4-92所示。

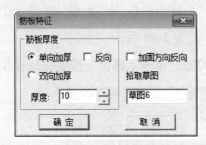

图4-92 筋板单向加厚

2）反向：与默认的单项加厚方向相反，如图4-93所示。

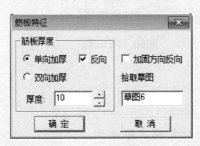

图4-93 反向加厚

3）双向加厚：按照相反的方向生成给定厚度的实体，厚度为10mm，如图4-94所示。

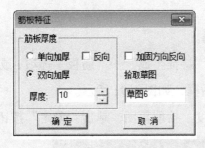

图4-94 双向加厚

4）加固方向反向：与默认加固方向相反。

 **注意**

1）加固方向应指向实体，否则操作会失败。

2）草图形状可以不封闭。

## 知识拓展

阵列处理

1. 线性阵列

通过线性阵列，可以沿一个方向或多个方向快速进行特征的复制。

1）在菜单栏中选择"造型"→"特征生成"→"线性阵列"选项，或者直接单击"线性阵列"按钮，弹出"线性阵列"对话框，如图 4-95 所示。

2）分别在第一和第二阵列方向拾取阵列对象和边/基准轴，填入距离和数目，单击"确定"按钮完成操作。

**图4-95** "线性阵列"对话框

**参 数**

1）方向：阵列的第一方向和第二方向，如图 4-96 所示。

2）阵列对象：要进行阵列的特征。

3）边/基准轴：阵列所沿的指示方向的边或基准轴。

4）距离：阵列对象相距的尺寸值，可以直接输入所需数值，也可以单击按钮来调节。

5）数目：阵列对象的个数，可以直接输入所需数值，也可以单击按钮来调节。

6）反转方向：沿与默认方向相反的方向进行阵列，如图 4-97 所示。

7）阵列模式：可解决多曲线环体及修改型特征（如带过渡特征）的阵列。具体使用方法详见"环形阵列"。

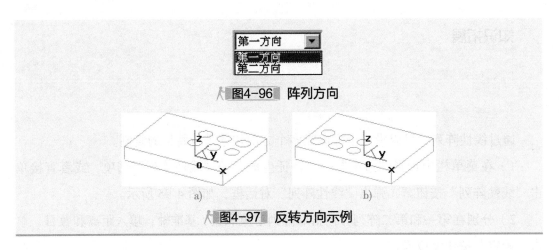

图4-96 阵列方向

图4-97 反转方向示例

1）如果特征A附着（依赖）于特征B，则当阵列特征B时，特征A不会被阵列。

2）两个阵列方向都要选取。

2. 环形阵列

绕某基准轴旋转，将特征阵列为多个特征，即构成环形阵列。基准轴应为空间直线。

1）在菜单栏中选择"造型"→"特征生成"→"环形阵列"选项，或者直接单击"环形阵列"按钮 ，弹出"环形阵列"对话框，如图4-98所示。

2）拾取阵列对象和边/基准轴，填入角度和数目，单击"确定"按钮完成操作。

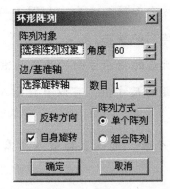

图4-98 "环形阵列"对话框

参 数

1）阵列对象：要进行环形阵列的特征。

2）边/基准轴：阵列所沿的指示方向的边或基准轴。

3）角度：阵列对象间所夹的角度值，可以直接输入所需数值，也可以单击按钮来调节。

4）数目：阵列对象的个数，可以直接输入所需数值，也可以单击按钮来调节。

5）反转方向：沿与默认方向相反的方向进行环形阵列。

6）自身旋转：在阵列过程中，阵列对象在绕阵列中心旋转的同时，也绕自身的中心旋转，否则阵列对象将互相平行。

7）阵列模式：可解决多曲线环体及修改型特征（如带过渡特征）的阵列。

### 3. 组合阵列

1）如果环形图形中有多个修改特征需要进行阵列，那么可以使用环形阵列方式中的"组合阵列"。

2）在菜单栏中选择"造型"→"特征生成"→"环形阵列"选项，或者直接单击"环形阵列"按钮 ■。系统弹出"环形阵列"对话框，阵列方式选择"组合阵列"，在特征树中选取相应的阵列对象，填写所需的角度值和阵列数目，最后拾取旋转轴，如图4-99所示。

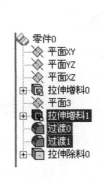
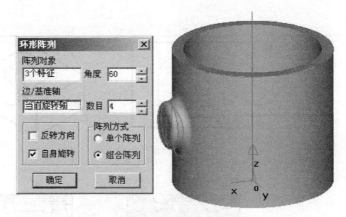

图4-99 特征树和"环形阵列"对话框

3）单击"确定"按钮，完成阵列，如图4-100所示。

图4-100 生成后的实体

## 思考与练习

完成图 4-101 所示各零件的三维造型。

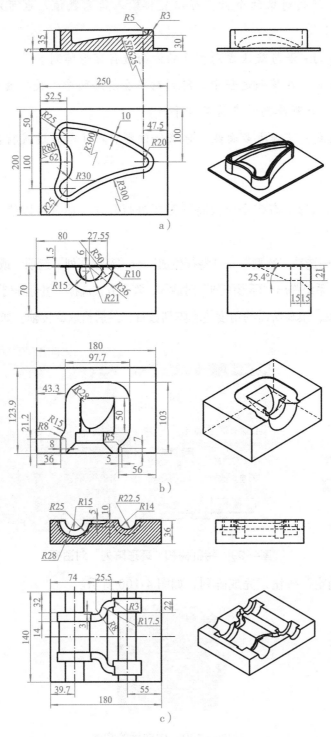

a )

b )

c )

图4-101

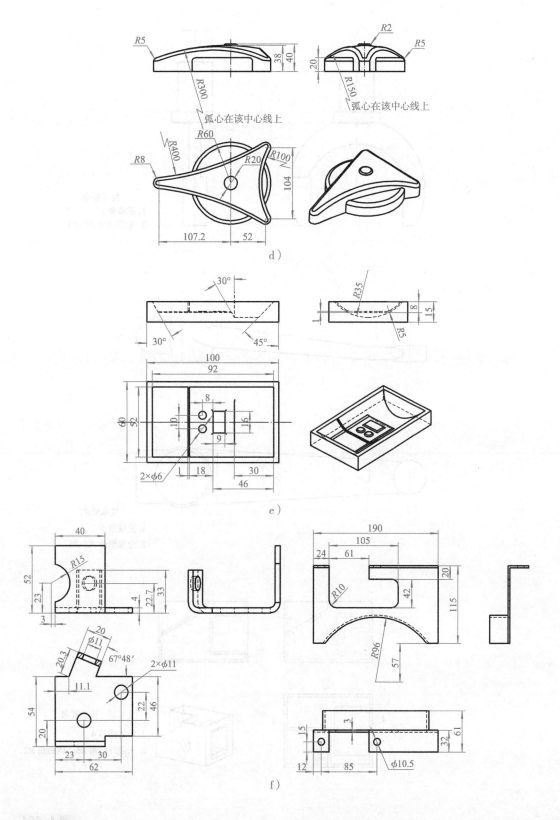

d )

e )

f )

三维造型零件

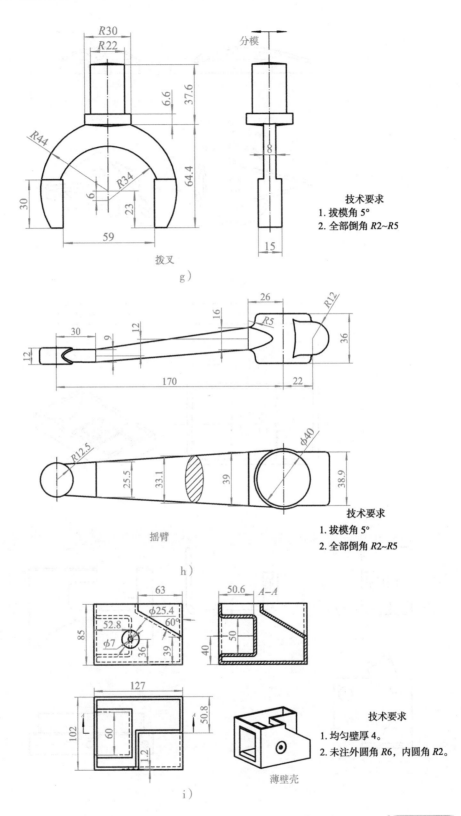

分模

技术要求
1. 拔模角 5°
2. 全部倒角 R2~R5

拨叉

g）

技术要求
1. 拔模角 5°
2. 全部倒角 R2~R5

摇臂

h）

A-A

技术要求
1. 均匀壁厚 4。
2. 未注外圆角 R6，内圆角 R2。

薄壁壳

i）

图4-101

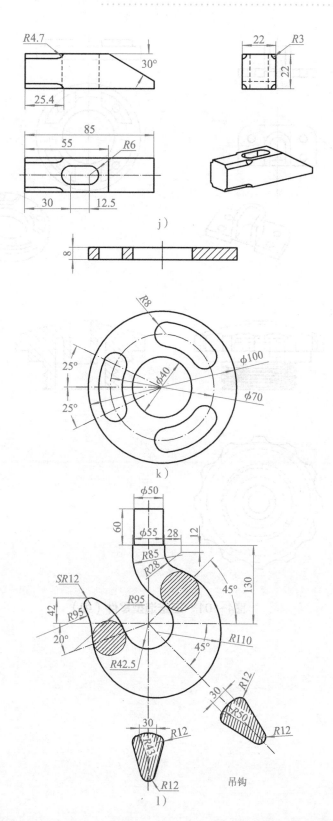

j)

k)

吊钩

l)

**三维造型零件（续）**

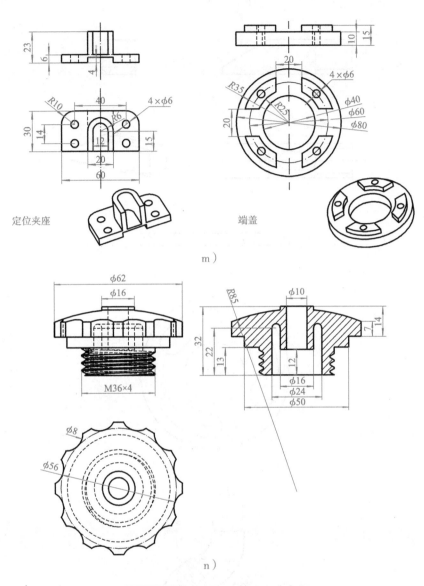

定位夹座

端盖

m）

n）

图4-101 三维造型零件（续）

# 项目五

## 认识数控加工

## 项目描述

### 情景导入

随着社会生产和科学技术的快速发展，人们对机械产品零配件的精度要求越来越高，同时对机械产品的质量和生产率也提出了越来越高的要求。尤其是在一些特殊的行业，为了实现某些特殊的功能，对机械零配件的形状和精度都有了更高的要求。在这样的背景下，数控加工技术得到了广泛的应用。

### 项目目标

- 认识数控机床，了解数控机床的组成，知道数控机床的工作特点。
- 了解数控加工的材料，知道材料的加工难易程度，了解改变材料切削加工性能的方法。
- 认识数控切削刀具，会选择数控刀具，了解数控切削刀具的牌号标识。
- 了解切削液的用途，会根据切削条件选择切削液。
- 能够选择常用材料的切削用量，合理配置切削参数。

任务一　　认识数控机床

## 任务描述

走进车间，了解国内主流数控机床的基本结构，掌握数控机床的组成。

## 任务实施

1.了解数控机床

走进车间，会看到各种各样的机床，数控车床如图5-1所示。

图5-1　数控车床

2.熟悉数控机床各部件的功用

数控机床的主要部件如图5-2所示。

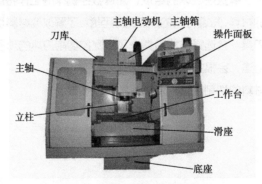

图5-2　数控机床的主要部件

　　数控机床主要是由输入/输出设备、数控装置、伺服系统、检测反馈系统和机床本体等组成的，而计算机数控机床由程序、输入/输出设备、计算机数控装置、可编程序控制器、主轴控制单元及速度控制单元等组成。

（1）程序　自动编程时，通过计算机辅助设计CAD软件绘制三维实体图形，再通过计算机辅助制造CAM软件的后置处理功能生成数控程序，将数控程序导入数控机床进行数控加工。

手工编程时，由人工通过零件图上规定的尺寸、形状和技术条件，手工编写出工件的加工程序，直接输入数控系统中，然后操作数控机床完成零件的加工。

（2）输入/输出装置　程序需要输送给机床的数控系统，机床内存中的零件加工程序则可以通过输出装置传送到计算机中。输入/输出装置是机床与外部设备的接口。

键盘和显示器是数控系统不可缺少的人机交互设备，操作人员可通过键盘和显示器输入加工程序，编辑、修改程序和发送操作命令。因此，键盘是交互设备中最重要的输入设备之一，如图5-3所示。目前，常用的输入装置主要有网线、R232C串行通信口数据线、MDI手动输入方式等。

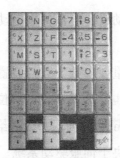

图5-3　数控键盘

（3）数控装置　数控装置（图5-4）是数控机床的中枢，它接受输入装置送来的数字化信息，经过数控装置控制软件和逻辑电路的译码、运算和逻辑处理后，将各种指令信息输送给伺服系统，使设备按规定的动作执行加工。

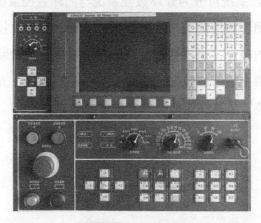

图5-4　数控装置

（4）伺服系统　伺服系统（图5-5）是数控系统与机床本体之间的电传动联系环节，主要由伺服电动机、驱动控制系统及位置检测系统组成。伺服电动机是数控系统的执行元件，驱动控制系统则是伺服电动机的动力源。数控系统发出的指令信号与位置检测反馈信号进行比较后作为位移指令，再经过驱动控制系统的功率放大，驱动电动机运转，从而通过机械传动装置拖动工作台或刀架运动。伺服系统的作用是将来自于数控装置的脉冲信号转换成机床移动部件的运动，使机床的工作台按规定移动或精确定位，加工出符合图样要求的工件。

图5-5　伺服系统

常用的伺服电动机有步进电动机、电液伺服电动机、直流伺服电动机和交流伺服电动机。

脉冲当量是衡量数控机床的重要参数。数控装置输出一个脉冲信号，使机床工作台移动的位移量称为脉冲当量（也称为最小设定单位）。常用的脉冲当量为 0.001mm/脉冲，精密机床要求达到 0.0001mm/脉冲。每个进给运动的执行部件都有相应的伺服驱动系统，整个机床的性能也取决于伺服驱动系统。

（5）检测反馈系统　检测反馈装置的作用是对机床的实际运动速度、方向、位移量及加工状态加以检测，并将结果转化为电信号反馈给 CNC 装置，通过比较计算出实际的偏差，并发出纠正误差指令。测量装置安装在数控机床的工作台或丝杠上。按照有无检测装置，CNC 系统可分为开环数控系统与闭环数控系统；按测量装置安装位置的不同，又可分为闭环数控系统与半闭环数控系统。开环数控系统的控制精度取决于步进电动机和丝杠的精度，闭环数控系统的精度取决于测量装置的精度。在半闭环数控系统中，位置检测主要通过数控传感器（图 5-6）、磁栅、光栅、激光测距仪等设备实现。因此，检测装置是高性能数控机床的重要组成部分。

图5-6　数控传感器

（6）机床本体　机床本体是数控机床的主体，是用于完成各种切削加工的机械部分，包括床身、立柱、主轴、进给机构等机械部件。数控机床采用高性能的主轴及进给伺服驱动装置，其机械传动结构得到了简化。

为了保证数控机床功能的充分发挥，还有一些如冷却、排屑、防护、润滑、照明、储运等配套部件和编程机、对刀仪等辅助装置。

## 知识链接

### 一、数控技术的发展

数控技术最早应用于军事领域。

1949 年，美国 Parson 公司与麻省理工学院开始合作，于 1952 年研制出能进行三轴控制的数控铣床样机，称之为"Numerical Control"。

1953 年，麻省理工学院开发出只需确定零件轮廓和指定切削路线，即可生成 NC 程序的自动编程语言。

1959 年，美国 Keaney&Trecker 公司开发成功了带有刀库，能自动进行刀具交换，一次装夹即能进行铣、钻、镗、攻螺纹等多种加工的数控机床，这就是数控机床的新种类——加工中心。

1968 年，英国首次将多台数控机床、无人化搬运小车和自动仓库在计算机控制下连接成自动加工系统，这就是柔性制造系统（FMS）。

1974 年，微处理器开始被用于机床的数控系统中，从此，CNC 软线数控技术随着计算机技术的发展得以快速发展。

1976 年，美国 Lockhead 公司开始使用图像编程。利用 CAD 软件绘出加工零件的模型，在显示器上"指点"被加工的部位，输入所需的工艺参数，即可由计算机自动计算刀具路径，模拟加工状态，获得 NC 程序。

DNC( 直接数控 ) 技术始于 20 世纪 60 年代末期，它使用一台通用计算机，直接控制和管理一群数控机床及数控加工中心，进行多品种、多工序的自动加工。DNC 群控技术是柔性制造技术的基础，现代数控机床上的 DNC 接口就是机床数控装置与通用计算机之间进行数据传送及通信控制用的，也是数控机床之间实现彼此通信的接口。随着 DNC 技术的发展，数控机床已成为无人控制工厂的基本组成单元。

20 世纪 90 年代，出现了包括市场预测、生产决策、产品设计与制造和销售等全过程均由计算机集成管理和控制的计算机集成制造系统（CIMS）。其中，数控系统是其基本控制单元。

20 世纪 90 年代，基于 PC-NC 的智能数控系统开始得到发展，它打破了原数控厂家"各自为政"的封闭式专用系统结构模式，提供开放式基础，使升级换代变得非常容易。充分利用现有 PC 机的软、硬件资源，使远程控制、远程检测诊断能够得以实现。

我国早在 1958 年就开始研制数控机床。

20 世纪 70 年代初期，我国曾掀起研制数控机床的热潮，但当时采用的是分立元件，其性能不稳定、可靠性差。

1980 年，北京机床研究所引进日本的 FANUC 数控系统，上海机床研究所引进美国 GE 公司的 MTC — 1 数控系统，辽宁精密仪器厂引进美国 Bendix 公司的 Dynapth LTD10 数控系统。在引进、消化、吸收国外先进技术的基础上，北京机床研究所又开发出了 BS03 经济型数控系统和 BS04 全功能数控系统，航天部 706 所研制出了 MNC864 数控系统。

"八五"期间，国家又组织近百个单位进行以发展自主版权为目标的"数控技术攻关"，为数控技术的产业化奠定了基础。

20 世纪 90 年代末，华中数控自主开发出基于 PC-NC 的 HNC 数控系统，达到了国际先进水平，加强了我国数控机床在国际上的竞争实力。

目前，我国数控机床生产企业有 100 多家，年产量增加到 1 万多台，品种满足率达 80%，有些企业实施了 FMS 和 CIMS 工程，数控机床及其加工技术进入了实用阶段。

二、数控加工过程及特点

1. 数控加工过程

在数控机床上完成零件数控加工的过程如下：

1）根据零件加工图样进行工艺分析，确定加工方案，进行工艺参数的选择和位移数据点的计算。

2）程序编制或传输。手工编程时，可以通过数控机床的操作面板直接编制并输入程序；由编程软件生成的程序，则通过计算机的串行通信接口直接传输到数控机床的数控系统部分。

3）进行程序的模拟校验，对刀及首件试切工作。

4）运行程序，操作机床，完成零件的加工。

数控加工过程是按照事先编制的零件加工程序，借助数控加工工艺系统自动完成零件加工的过程。数控加工工艺系统由数控机床、刀具、夹具和工件构成。

### 2. 数控机床的工作原理

用数控机床加工零件时，首先应根据加工零件的图样确定有关加工数据（如刀具的轨迹坐标点、进给速度、主轴转速、刀具尺寸等），根据工艺方案选用夹具、刀具等，并确定其他有关辅助信息。然后用数控机床可以识别的语言编制数控加工程序，将编写好的程序存放在信息载体上，通过输入介质输送到机床上，机床数控部分将程序译码、寄存和运算，向机床伺服机构发出运动指令，从驱动机床的各运动部件自动完成工件的加工，如图5-7所示。

**图5-7　数控机床的工作原理**

### 3. 数控加工的特点　与普通机床相比，数控机床具有如下特点。

（1）适应性强，适合单件或小批量加工复杂工件　在数控机床上改变加工工件时，只需要重新编制工件的加工程序，并将其输入机床中，就能实现新工件的加工，不必制造、更换许多工具、夹具，不需要经常调整机床。因此，数控机床特别适合单件、小批量生产及试制新产品。数控机床缩短了生产周期，节省了大量工艺装备的费用。

（2）加工精度高　数控机床的脉冲当量普遍可达0.001mm/脉冲，其传动系统和机床结构都具有很高的刚性和热稳定性，工件的加工精度高，进给系统采用消除间隙措施，机床进给传动链的反向间隙与丝杠螺距的平均误差可由数控装置进行补偿。因此，数控机床的加工精度比普通机床高。

（3）加工质量稳定可靠　加工同一批零件时，在同一机床、加工条件相同的情况下，所使用的刀具和加工程序、刀具的走刀轨迹完全相同，零件的一致性好、质量稳定。

（4）生产率高　工件加工所需要的时间包括机动时间和辅助时间。数控机床可以有效地减少这两部分时间。数控机床的主轴转速和进给量的调整范围都比普通机床大，机床刚性好，机床移动部件可实现快速移动和定位，以及高速切削加工，从而极大地提高了生产率。

（5）降低劳动强度，改善劳动条件　数控机床加工是自动进行的，工件加工过程不需要人的干预，加工完毕后自动停机，这就使工人的劳动条件得到了改善。

（6）有利于生产管理的现代化　数控加工所使用的刀具、夹具可进行规范化、现代化管理；数控机床使用数字信号与标准代码作为控制信息，易于实现加工信息的标准化。目前，将数控加工与计算机辅助设计与制造（CAD/CAM）有机地结合起来，是现代集成制造技术的基础。

### 4.数控加工的发展方向

现代数控加工正在向高速化、高精度化、高柔性化、高一体化、网络化和智能化等方向发展。

（1）高速化 受高生产率的驱使，高速化已成为现代机床技术的重要发展方向之一。高速切削可通过高速运算技术、快速插补运算技术、超高速通信技术和高速主轴技术等来实现。高主轴转速可减小切削力和背吃刀量，有利于克服机床振动，使传入零件中的热量大大减少，排屑加快，热变形减小，加工精度和表面质量得到显著改善。因此，经高速加工的工件一般不需要进行精加工。

（2）高精度化 高精度化一直是数控机床技术追求的目标。它包括机床制造的几何精度和机床使用的加工精度的控制两方面。机床加工精度的提高，一般是通过减少数控系统误差，提高数控机床基础大件的结构特性和热稳定性，采用补偿技术和辅助措施来达到的。目前，精整加工精度已提高到 $0.1\mu m$，并进入了亚微米级。

（3）高柔性化 柔性是指机床适应加工对象变化的能力。目前，在进一步提高单机柔性自动化加工的同时，数控技术正向单元柔性化和系统柔性化发展。数控系统在 21 世纪将具有最大限度的柔性，能实现多种用途。高柔性化具体是指具有开放性的体系结构，通过重构和编辑，系统的组成视需要可大可小；功能可专用也可通用，功能价格比可调；可以集成用户的技术经验，形成专家系统。

（4）高一体化 CNC 系统与加工过程作为一个整体，实现机电光声综合控制，测量造型及加工一体化，加工、实时检测与修正一体化，机床主机设计与数控系统设计一体化。

（5）网络化 实现多种通信协议，既能满足单机需要，又能满足 FMS（柔性制造系统）、CIMS（计算机集成制造系统）对基层设备的要求；配置网络接口，通过 Internet 实现远程监视和控制加工，进行远程检测和诊断，使维修变得简单；建立分布式网络化制造系统，以便形成"全球制造"。

（6）智能化 21 世纪的 CNC 系统将是一个高度智能化的系统。具体是指系统应在局部或全部实现加工过程的自适应、自诊断和自调整；多媒体人机接口使用户操作简单，智能编程使编程更加直观，可使用自然语言编程；加工数据的自生成及智能数据库的建立；智能监控；采用专家系统，以降低对操作者的要求等。

5. 数控机床的分类

数控机床是一种利用信息处理技术进行自动加工控制和金属切削的机床,是数控技术运用的典范。数控机床的分类如下。

(1)数控车床　图 5-8 所示为简易数控车床外观图。数控车床一般为两轴联动,Z 轴是与主轴方向平行的运动轴,X 轴是在水平面内与主轴方向垂直的运动轴。在车铣加工中心上还多了一个 C 轴,用于实现工件的分度功能,在刀架中可安放铣刀,对工件进行铣削加工。

图5-8　简易数控车床外观图

(2)数控铣床　数控铣床(图 5-9)适合加工复杂三维曲面,在汽车、航空航天、模具等行业被广泛采用。数控铣床可分为数控立式铣床、数控卧式铣床、数控仿形铣床等。

图5-9　数控铣床

(3)加工中心　加工中心是具有自动刀具交换装置,并能进行多种工序加工的数控机床。加工中心可在工件的一次装夹中,进行铣、镗、钻、扩、铰、攻螺纹等多种工序的加工。一般的加工中心常常是指能完成上述工序内容的镗铣加工中心,可分为立式加工中心和卧式加工中心,立式加工中心的主轴是垂直的,卧式加工中心的主轴是水平方向的，如图 5-10 所示。

 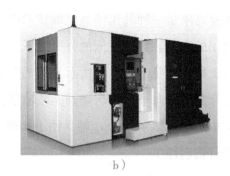

a）　　　　　　　　　　　　　　b）

**图5-10**　加工中心

a）立式加工中心　b）卧式加工中心

在加工中心上，一个工件可以通过夹具安放在回转工作台或交换托盘上，通过工作台的旋转可以加工多面体，通过托盘的交换可更换加工的工件，以提高加工效率。

（4）数控磨床　数控磨床主要用于加工高硬度、高精度表面，可分为数控平面磨床、数控内圆磨床、数控轮廓磨床等。随着自动砂轮补偿技术、自动砂轮修整技术和磨削固定循环技术的发展，数控磨床的功能越来越强。图 5-11 所示为数控平面磨床。

**图5-11**　数控平面磨床

（5）数控钻床　数控钻床主要用来完成钻孔、攻螺纹等功能，同时也可以完成简单的铣削功能，刀库可存放多种刀具。数控钻床可分为数控立式钻床和数控卧式钻床。

（6）数控电火花成形机床　图 5-12 所示为数控电火花成形机床，它属于特种加工机床。其工作原理是利用两个极性不同的电极在绝缘液体中产生放电现象，去除材料进而完成加工。数控电火花成形机床非常适用于形状复杂的模具及难加工材料的加工。

图5-12　数控电火花成形机床

（7）数控线切割机床　数控线切割机床的工作原理与数控电火花成形机床相似，其电极是电极丝，加工液一般采用去离子水。图 5-13 所示为数控线切割机床。

图5-13　数控线切割机床

## 任务二　了解现代切削材料

### 任务描述

　　了解各种现代切削材料，知道哪些材料容易加工、哪些材料难以加工，了解改善材料切削加工性的方法。

### 任务实施

　　材料是人类文明的物质基础，材料的发展及材料加工工艺的进步是推动人类社会发展的动力。随着现代科学技术的飞速发展，材料技术、能源技术和信息技术成为了现代人类文明的三大支柱。在这一背景下，现代切削材料也得到了迅猛发展。一般情况下，现代工程材料可分为金属材料、陶瓷材料、高分子材料及复合材料。在现代非铁金属及其合金方面，出现了高纯高韧铝合金、高温铝合金、高强高韧和高温钛合金，先进的镍基、铁基、铬基高温合金，难熔金属合金及稀有贵金属合金等，形状记忆合金等功能材料也层出不穷。

1. 明确切削加工性能的含义

金属材料的切削加工性能是指某种金属材料实现切削加工的难易程度。例如，切削铝、铜合金比切削45钢轻快得多，切削合金钢要困难一些，切削耐热钢则更困难一些。

良好的切削加工性能是指刀具的寿命较长或在一定的寿命下允许的切削速度较高；在相同的切削条件下，切削力较小；切削温度较低；容易获得较小的表面粗糙度值；容易控制切屑的形状并断屑。同一种材料由于加工要求和加工条件不同，其切削加工性能也不相同。例如，切除纯铁比较容易，但要获得较小的表面粗糙度值则比较困难，所以精加工时其切削加工性能不好；在普通机床上加工不锈钢工件并不太难，但在自动机床上切削时却难以断屑，则认为其切削加工性能较差。

可以看出，切削加工性能很难用一个简单的物理量来精确地规定和测量。在实际生产中，通常用刀具寿命 $T$ 为60min时，切削某种材料所允许的最大切削速度 $v_{60}$ 来衡量切削加工性能。$v_{60}$ 越大，表示该材料的切削加工性能越好。

切削加工性能具有相对性。即某种材料切削加工性能的好与坏，是相对于另一种材料而言的。一般以 $R_m=0.637\text{GPa}$ 的45钢的 $(v_{60})_j$ 为基准，将其他材料的 $v_{60}$ 与之相比的数值记作 $K_v$，即相对切削加工性能

$$K_v = \frac{v_{60}}{(v_{60})_j}$$

2. 了解常用材料的切削加工性能

相对切削加工性能 $K_v>1$ 的材料，其切削加工性能比45钢好；$K_v<1$ 的材料，其切削加工性能比45钢差。常用材料的切削加工性能等级见表5-1。

表5-1 材料的切削加工性能等级

| 切削加工性能等级 | 常用材料的切削加工性能 | | 相对切削加工性能 $K_v$ | 代表性材料 |
|---|---|---|---|---|
| 1 | 一般非铁金属 | 很容易加工 | 8 ~ 20 | 镁铝合金，5-5-5 铜铅合金 |
| 2 | 易切削钢 | 易加工 | 2.5 ~ 3 | 易切削钢（$R_m=400 ~ 500\text{MPa}$） |
| 3 | 较易切削钢材 | | 1.6 ~ 2.5 | 30钢正火（$R_m=500 ~ 580\text{MPa}$） |
| 4 | 一般碳素钢、铸铁 | 普通 | 1.0 ~ 1.5 | 45钢、灰铸铁 |
| 5 | 稍难切削材料 | | 0.7 ~ 0.9 | 45钢（轧材）20Cr13（$R_m=850\text{MPa}$） |
| 6 | 较难切削材料 | 难加工 | 0.5 ~ 0.65 | 65Mn（$R_m=950 ~ 1000\text{MPa}$）、易切削不锈钢 |
| 7 | 难切削材料 | | 0.15 ~ 0.5 | 不锈钢（12Cr18Ni9Ti） |
| 8 | 很难切削材料 | | 0.04 ~ 0.14 | 耐热合金钢、钛合金 |

### 3.熟悉改善金属材料切削加工性能的途径

材料的切削加工性能可以采用一些适当的措施予以改善，采用热处理方法是一个重要途径。低碳钢在退火状态下的塑性很大，切屑易粘在切削刃上形成切屑瘤，工件表面很粗糙，且刀具寿命也短。对低碳钢改用正火处理，适当降低其塑性，增加其硬度，可使精加工表面粗糙度值很小。高碳钢的硬度高，难以进行切削加工，一般通过球化退火降低其硬度，改善切削加工性能。对于出现白口组织的铸铁，可在950 ~ 1000℃下长时间退火，以降低其硬度，使其变为较易切削。

一般来说，金属材料的硬度在160 ~ 230HBW范围内时切削加工性能最好。为降低工件表面粗糙度值，可适当提高其硬度值（至250HBW）；当硬度大于300HBW时，切削加工性能将显著下降。

调节材料的化学成分也可以改善其切削加工性能。例如，在钢中添加适量的硫、铅等元素，可使断屑容易，从而获得较小的表面粗糙度值，并可减小切削力，提高刀具的寿命。

## 知识链接

### 金属材料的选用

合理地选择和使用金属材料是一项十分重要的工作，不仅要考虑材料的性能应能够适应工作条件，使零件经久耐用、漂亮美观，还要求材料有较好的加工工艺性和经济性。一般来说，金属材料的选用是由工程设计人员完成的。

当操作人员拿到工程图样时，金属材料的型号、名称和规格都会标注在图样的标题栏中。如图5-14所示，①处标注了材料名称为20CrMnTi。

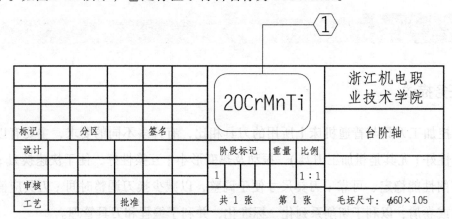

**图5-14　零件图样标题栏**

金属材料的选用，要考虑其使用性能、工艺性能和经济性能。

金属材料的使用性能是指其对零件使用功能和寿命的满足程度。当材料的使用性能不能满足零件工作条件的要求时，零件就会失效。选用金属材料时，不能仅仅查看金属材料的牌号，还要对金属材料的样件进行成分检验，以确保金属材料选用的准确性。表 5-2 中所列是某一批次的 20CrMnTi 钢进行热处理后的成分检验报告。

表 5-2　20Cr MnTi 钢成分检验报告

| 材料牌号 | | | 20CrMnTi | | 产品数量 | | | |
|---|---|---|---|---|---|---|---|---|
| 试验类型 | | | 材料指定号码 / 规范 | | 试验结果 | 判定 | | 检验标准 |
| 金相组织 | 碳化物 | | 1 ~ 3 级 | | 2 | ok | | JB/T 6141.3—1992 |
| | 残留奥氏体 | | 1 ~ 4 级 | | 2 | ok | | |
| | 心部组织 | | 1 ~ 4 级 | | 2 | ok | | |
| 硬度 | 表面硬度 HRC | | 58 ~ 62 | | 60 | ok | | 图样要求 |
| | 心部硬度 HRC | | 33 ~ 37 | | 36 | ok | | |
| 化学成分（质量分数，%） | C | Si | Mn | Cr | Ti | Ni | Cu | S | P |
| | 0.199 | 0.202 | 0.913 | 0.905 | 0.0685 | 0.015 | 0.015 | 0.0007 | 0.025 |
| 尺寸、外形 | | | 合格 | | | ok | | — |
| 审核 / 时间 | | | | | 检验 / 时间 | | | |

金属材料的工艺性能是指所选用的工程材料能够顺利地加工成合格的零件。金属材料工艺性能的好坏，对零件加工的难易程度、生产率、生产成本等方面起着决定性的作用。

经济性能是指所选用的材料加工成零件后，应使零件生产和使用的总成本较低，经济效益好。包括原材料价格、零件加工费、材料回收率及零件寿命等。

## 任务三　认识数控加工刀具

### 任务描述

数控加工刀具与普通机床上所用的刀具相比，有许多不同的要求，主要有以下特点：刚性好（尤其是粗加工刀具），振动及热变形小；互换性好，便于快速换刀；寿命长，切削性能稳定、可靠；刀具尺寸便于调整，以减少换刀调整时间；刀具应能可靠地断屑或卷屑，以利于切削系列化、标准化，并利于编程和刀具管理。

## 任务实施

数控加工刀具与普通切削刀具不同，数控刀具的标准化程度更高，机夹式应用得较多。认识数控切削刀具有助于数控程序的编制。

1. 了解数控加工常用刀具的种类

数控加工刀具必须适应数控机床高速、高效和自动化程度高的特点，一般应包括通用刀具、通用连接刀柄及少量专用刀柄。刀柄要连接刀具并装在机床动力头上，因此已逐渐标准化和系列化。数控加工刀具有多种分类方法。

（1）按刀具结构分类　可分为整体式刀具、镶嵌式刀具（采用焊接或机夹式连接，机夹式又可分为不转位和可转位两种）和特殊形式刀具（如复合刀具、减振刀具等）。

（2）按制造刀具所用的材料分类　可分为高速工具钢刀具、硬质合金刀具、金刚石刀具和其他材料刀具（如立方氮化硼刀具，陶瓷刀具等）。

（3）按切削工艺分类　可分为车削刀具（包括外圆、内孔、螺纹车削刀具等，如图5-15所示）、钻削刀具（包括钻头、铰刀、丝锥等，如图5-16所示）和铣削刀具（图5-17）等。

**图5-15　数控车削刀具**

**图5-16　麻花钻**

图5-17 数控铣削刀具

为了适应数控机床对刀具耐用、稳定、易调、可换等方面的要求，近年来，机夹式可转位刀具得到了广泛的应用，在数量上达到了数控刀具总量的30%～40%，金属切除量占总量的80%～90%。

数控刀具越来越向着标准化、规范化的方向发展。数控车刀基本上采用机夹式车刀，刀片的几何形状也多种多样，车削不同的轮廓形状，可选用具有不同几何形状的刀具。数控铣刀更趋于模块化，基本由铣刀柄模块、刀杆模块和铣刀模块组成。常用的数控铣刀有盘铣刀、立铣刀、键槽铣刀、球头铣刀、牛鼻刀等。在数控加工过程中，能够正确选择和使用刀具已经成为一个行业的入门标准；正确选择刀具和切削条件，也为降低加工成本，提高生产率和数控加工的可靠性提供了保障。

2. 了解数控车刀的选用原则

数控车床上大多使用系列化、标准化的刀具，可转位机夹式车刀的刀柄和刀片都采用标准规定的编号。为了减少换刀时间和方便对刀，便于实现机械加工的标准化，进行数控车削加工时，应尽量采用机夹式刀具。数控车削加工中常用的机夹式可转位车刀的结构如图5-18所示。

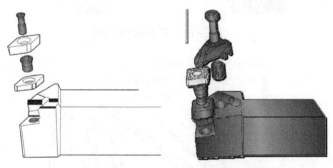

图5-18 机夹式可转位车刀的结构

（1）刀片材质的选择　刀片的材质很多，应依据被加工工件的材料、加工表面的精度和表面质量的要求，有针对性地选择刀片材质。目前，应用最多的是硬质合金刀片和涂层硬质合金刀片。

（2）刀片尺寸的选择　根据加工过程中所选择的背吃刀量选择刀片尺寸，一般选择偏大一些的刀片尺寸。刀具角度如图 5-19 所示。

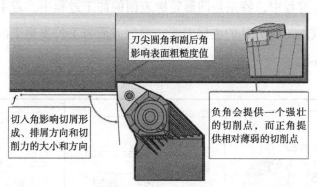

刀尖圆角和副后角影响表面粗糙度值

切入角影响切屑形成、排屑方向和切削力的大小和方向

负角会提供一个强壮的切削点，而正角提供相对薄弱的切削点

**图5-19　刀具角度示意图**

（3）刀片形状的选择　刀片的形状主要依据被加工工件的表面轮廓形状、切削方法、刀具寿命和刀片的转位使用次数等因素进行选择。常见可转位车刀的刀片形状如图 5-20 所示。

**图5-20　常见可转位车刀的刀片形状**

（4）刀柄的选择　刀柄上都有编号，可以根据切削条件选择刀柄。编号中各参数的含义如图 5-21 所示。

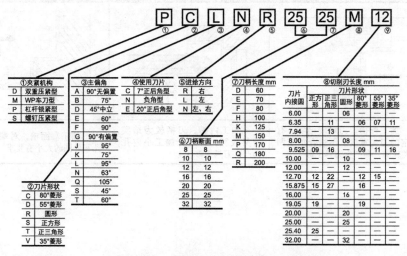

**图5-21　刀柄编号中各参数的含义**

## 高手支招

在轮廓加工过程中，特别是凹形轮廓表面的加工过程中，若主、副偏角选择得太小，会导致加工时刀具的主后刀面、副后刀面与工件发生干涉。常用车刀的使用场合见表5-3。

表5-3　常见车刀的使用场合

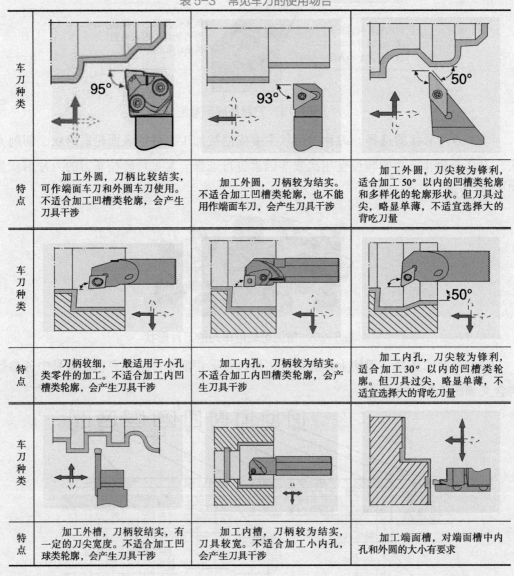

| 车刀种类 | | |
| --- | --- | --- |
| 特点 | 加工外圆，刀柄比较结实，可作端面车刀和外圆车刀使用。不适合加工凹槽类轮廓，会产生刀具干涉 | 加工外圆，刀柄较为结实。不适合加工凹槽类轮廓，也不能用作端面车刀，会产生刀具干涉 | 加工外圆，刀尖较为锋利，适合加工50°以内的凹槽类轮廓和多样化的轮廓形状。但刀具过尖，略显单薄，不适宜选择大的背吃刀量 |
| 车刀种类 | | |
| 特点 | 刀柄较细，一般适用于小孔类零件的加工。不适合加工内凹槽类轮廓，会产生刀具干涉 | 加工内孔，刀柄较为结实。不适合加工内凹槽类轮廓，会产生刀具干涉 | 加工内孔，刀尖较为锋利，适合加工30°以内的凹槽类轮廓。但刀具过尖，略显单薄，不适宜选择大的背吃刀量 |
| 车刀种类 | | |
| 特点 | 加工外槽，刀柄较结实，有一定的刀尖宽度。不适合加工凹球类轮廓，会产生刀具干涉 | 加工内槽，刀柄较为结实，刀具较宽。不适合加工小内孔，会产生刀具干涉 | 加工端面槽，对端面槽中内孔和外圆的大小有要求 |

3. 了解数控铣刀的选用原则

为了适应数控铣床加工精度高、生产率高、加工工序集中及零件装夹次数少等的要求，对数控铣床上所用的刀具有许多性能上的要求。数控铣削刀具根据用途不同，可分为轮廓类加工刀具和孔类加工刀具等类型，如图 5-22 所示。

图5-22　数控铣削常用刀具

（1）轮廓类加工刀具

1）面铣刀。如图 5-23 所示，面铣刀的圆周表面和端面上都有切削刃，端面上的切削刃为主切削刃。其刀片材料一般为硬质合金，刀体材料为 40Cr。

图5-23　面铣刀

面铣刀常采用可转位式夹紧方式，当刀片的一个切削刃用钝后，可直接在机床上将刀片转位或更新，从而提高了加工效率。面铣刀的型号不同，其直径、刀齿数和螺旋角都有所不同。

2）立铣刀。立铣刀是数控铣床上用得最多的一种铣刀。立铣刀的圆柱表面和端面上都有切削刃，圆柱表面上的切削刃为主切削刃，端面上的切削刃为副切削刃，它们可以同时进行切削，也可以单独进行切削。主切削刃一般为螺旋齿，增加了切削运动的平稳性。立铣刀不能作 Z 向进刀，因其端面中心处无切削刃，如图 5-24 所示。

图5-24 立铣刀

3）键槽铣刀。如图5-25所示，键槽铣刀一般只有两个刀齿，圆柱面和端面上都有切削刃，端面延伸至中心，既像立铣刀，又像钻头。加工时，既可以作圆周运动，也可以作Z向进刀，因此，其应用比较广泛。

图5-25 键槽铣刀

4）球头铣刀。球头铣刀如图5-26所示。圆柱形球头立铣刀在数控铣床上应用较广泛。

图5-26 球头铣刀

（2）孔类加工刀具

1）钻头。数控铣床上常用的钻头有中心钻、麻花钻等。麻花钻的切削部分由两个主切削刃、两个副切削刃、一个横刃和两个螺旋槽组成。在数控铣床上钻孔时，因为无导向钻模，故受切削力的影响可能引起钻孔偏斜。通常需要先钻中心孔。然后使用麻花钻钻孔，但在孔的精度要求不高的情况下，也可以直接采用麻花钻钻孔。

2）铰刀（图5-27）。数控铣床大多采用通用铰刀铰孔。

图5-27 铰刀

3）镗刀（图5-28）。镗刀用于在数控铣床上镗孔。通常将镗刀分为粗镗刀和精镗刀、单刃镗刀和双刃镗刀。

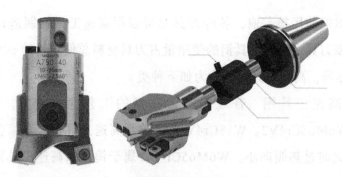

**图5-28** 镗刀

#### 4. 数控铣床刀柄系统

数控铣床刀柄系统由拉钉、刀柄和夹头组成，如图 5-29 所示。根据不同的刀具，选择相应的模块进行组合装夹。

**图5-29** 刀柄系统

### 知识链接

## 刀具材料

#### 1. 高速工具钢

高速工具钢是加入了较多的钨、钼、铬、钒等合金元素的高合金工具钢。它具有良好的综合性能、很高的强度和韧性、较高的热稳定性，而且有一定的硬度（63 ~ 70HRC）和耐磨性。它还具有良好的工艺性，可进行锻造，可刃磨出锋利的切削刃。

高速工具钢的使用很普遍，各种刀具都可以用高速工具钢制造，特别是形状复杂的刀具和小型刀具，高速工具钢的使用量占刀具材料总使用量的 60% ~ 70%。

根据性能不同，高速工具钢可分为如下种类。

（1）普通高速工具钢　普通高速工具钢的工艺性比较好，常用的品种有 W18Cr4V 和 W6Mo5Cr4V2。W18Cr4V 属于钨系高速工具钢，其综合力学性能及磨削性均好，淬火时过热倾向小。W6Mo5Cr4V2 属于钨钼系高速工具钢，其碳化物分布的均匀性、韧性及高温塑性均优于 W18Cr4V，但磨削性不及 W18Cr4V。这两种牌号的高速工具钢的切削性能基本相同。

（2）高性能高速工具钢　通过调整普通高速工具钢的基本化学成分及增加其他合金元素（C、V、Co、Al），使其力学性能及切削性能得到显著提高，可得到高性能高速工具钢。其常温硬度可达 67 ~ 70HRC，高温硬度也得到了提高，具有比普通高速工具钢刀具更长的使用寿命，适合加工不锈钢、耐热钢、高强度钢等难加工材料。

（3）粉末冶金高速工具钢　粉末冶金高速工具钢是用粉末冶金方法制造的高速工具钢，主要解决碳化物偏析的问题，得到细小、均匀的结晶组织，晶粒尺寸小于 2 ~ 3μm，而熔炼高速工具钢的晶粒尺寸为 8 ~ 20μm。粉末冶金方法需经制粉、成形和烧结三个过程。与熔炼高速工具钢相比，粉末冶金高速工具钢具有较高的硬度和韧性，显著改善了高速工具钢的磨削性，材质均匀，热处理变形小，质量稳定可靠，刀具使用寿命长。粉末冶金高速工具钢可用于切削各种难加工材料，适合制造精密刀具及形状复杂的刀具。

### 2. 硬质合金

硬质合金是将高硬度、难熔碳化物（WC、TiC 等硬质相）的微米级粉末，用金属粘结剂（Co、Ni 等，称为粘结相）经粉末冶金方法制成的。硬质合金的硬度高，常用的硬度为 89 ~ 93HRA，在 800 ~ 1000℃时尚能进行切削。切削碳钢时，切削速度可达 1.67 ~ 3.34 m/s；在硬质合金中加入 TaC、NbC 时，切削钢材的速度可达 200 ~ 300m/min。硬质合金的抗弯强度不到高速工具钢的 1/2；在常温下，它的冲击韧性仅为高速工具钢的 1/30~1/8，其工艺性能也不及高速工具钢。硬质合金因具有较好的切削性能而被广泛用作刀具材料，常见的有以下几种类型。

（1）WC–Co(YG) 类硬质合金　此类合金以 WC 为基，以 Co 为粘结剂，相当于新标准（GB/T 18376.1—2008）中的 K 类硬质合金。我国生产的常用牌号有 YG3X、YG6X、YG6、YG8 等。这类硬质合金主要用于加工铸铁和非铁金属及其合金。硬质合金中的 Co 含量越高，其韧性越好，适用于粗加工；Co 含量低的适用于精加工。

注意：由于生产中仍使用 GB/T 18376.1—2001 中的牌号，所以本书使用了旧的牌号。

（2）WC-TiC-Co(YT) 类硬质合金　此类硬质合金除含有 WC、Co 外，还含有质量分数为 5% ~ 30% 的 TiC，相当于新标准中的 P 类硬质合金。我国生产的常用牌号有 YT5、YT14、YT15、YT30 等。该类硬质合金主要用于加工钢材，Co 含量高的用于粗加工，Co 含量低的用于精加工。

（3）WC–TiC–TaC(NC)–Co(YW) 类硬质合金　在 YT 类硬质合金中加入 TaC（NC）取代一部分 TiC，即得到 YW 类硬质合金，相当于新标准中的 M 类硬质合金。我国常用的牌号有 YW1 和 YW2。这类硬质合金具有较好的综合性能，既可加工铸铁、非铁金属，又可加工碳素钢、合金钢，也适合加工高温合金、不锈钢等难加工材料。

以上三类硬质合金的主要成分是 WC，所以称为 WC 基硬质合金。

（4）TiC 基硬质合金　此类硬质合金以 TiC 为主要成分，以 Ni-Mo 为粘结剂，TiC 的质量分数占 60% ~ 70%。与 WC 基硬质合金相比，其硬度较高，但韧性较差。我国的代表牌号是 YN10 和 YN05，适用于碳素钢、合金钢的半精加工和精加工。

（5）涂层硬质合金　通过化学气相沉积（CVD）法，对硬质合金刀片涂覆一层薄而耐磨的难熔金属化合物便得到了涂层硬质合金，它主要是针对硬质合金韧性差这一特点而研制的。涂层硬质合金适用于钢材、铸铁的半精加工和精加工。涂层硬质合金刀片的使用量占硬质合金刀片总数的 50% ~ 60%。由于涂层硬质合金的耐磨性好，提高了刀具的使用寿命，故特别适用于数控切削加工。

**3.其他材料**

其他材料主要有复合氧化铝陶瓷、人造金刚石和立方氮化硼等。

## 知识拓展

**1.合理选择切削用量**

合理选择切削用量的原则：粗加工时，一般以提高生产率为主，但也应考虑经济性和加工成本；半精加工和精加工时，应在保证加工质量的前提下，兼顾切削效率、经济性和加工成本。具体数值应根据机床说明书、切削用量手册，并结合经验而定。

（1）背吃刀量 $a_p$　在机床、工件和刀具刚度允许的情况下，应尽可能一次切除粗加工的全部加工量，以减少进给次数，故背吃刀量 $a_p$ 应大些，这是提高生产率的一个有效措施。为了保证零件的加工精度和表面粗糙度值，一般应留有一定的余量进行精加工。数控机床的精加工余量可略小于普通机床的精加工余量。

（2）切削宽度 $L$　切削宽度 $L$ 一般与刀具直径 $d$ 成正比，与背吃刀量成反比。经济型数控加工中，$L$ 的取值范围一般为 $L=(0.6 \sim 0.9)d$；使用圆鼻刀进行加工时，刀具直径应扣除刀尖的圆角部分，即 $d=D-2r$（$D$ 为刀具直径，$r$ 为刀尖圆角半径），而 $L=(0.8 \sim 0.9)d$；使用球头刀进行精加工时，切削宽度的确定应首先考虑所能达到的精度和表面粗糙度值。

（3）切削速度 $v$　提高切削速度 $v$ 也是提高生产率的一个重要措施，而 $v$ 与刀具使用寿命的关系比较密切。随着 $v$ 的增大，刀具使用寿命急剧下降，故 $v$ 的选择主要取决于刀具使用寿命。另外，切削速度与加工材料也有很大关系。例如，用立铣刀铣削合金钢 30CrNi2MoVA 时，$v$ 可采用 8m/min 左右，而用同样的立铣刀铣削铝合金时，$v$ 可选 20m/min 以上。

（4）主轴转速 $n$(r / min)　主轴转速一般根据切削速度 $v$ 来选定，其计算公式为

$$n = 1000v/\pi d$$

式中，$d$——刀具或工件直径 (mm)。

数控机床的控制面板上一般备有主轴转速修调（倍率）开关，可在加工过程中对主轴转速进行整倍数调整。

（5）进给速度 $v_f$　进给速度应根据零件的加工精度、表面粗糙度要求，以及刀具和工件材料来选择。$v_f$ 的增加也可以提高生产率。加工表面粗糙度要求低时，$v_f$ 可以选择得大些。在加工过程中，$v_f$ 也可通过机床控制面板上的修调开关进行人工调整，但是最大进给速度要受到设备刚度和进给系统性能等的限制。

随着数控机床在生产实际中的广泛应用，数控编程已经成为数控加工的关键问题之一。在数控程序的编制过程中，要在人机交互状态下即时选择刀具和确定切削用量。因此，编程人员必须熟悉刀具的选择方法和切削用量的确定原则，从而保证工件的加工质量和加工效率，充分发挥数控机床的优点，提高企业的经济效益和生产水平。

### 2. 切削液的使用

切屑液可以减小切削区域内切屑、刀具、工件之间的摩擦，减少热量的产生，同时可以将切削产生的热量带走，使切削温度降低，从而减少了工件的变形、刀具的磨损，提高了生产率。

在数控加工过程中，由于机床的运动由数控程序进行控制，所以运行的轨迹比较准确和规范。使用切削液，可以起到很好的润滑、冷却、清洗与防锈等作用。

（1）润滑作用　切削液的润滑作用是通过在切屑、工件与刀具的接触面之间形成油膜来实现的。切削时，由于工件、切屑与刀具之间的摩擦及载荷的作用，由外部供

给的切削液要达到切削区域比较困难。所以，在一些刀具中经常会设计出内部高压冷却管路，使得切削液快速到达切削区域。例如，图 5-30 所示的高速钻削麻花钻的头部有一个小孔，这就是为提供切削液而设计的。

图5-30　内冷麻花钻

一般来说，切削液主要依靠切屑与刀具前刀面之间存在的微小间隙形成的毛细管现象，以及切屑与前刀面相对运动时因高温而形成的气压差产生的泵吸作用，渗入到前刀面上。因此，切削过程中的润滑大多属于边界润滑，即接触面之间部分为润滑油膜，部分为金属表面接触。

切削液的润滑能力与切削液的渗透性、成膜能力及油膜的强度有密切的关系。为了增强渗透性，可加入油性添加剂，如动物油、植物油、脂肪酸等物质。为了增强润滑油的成膜能力和油膜的强度，可加入极压添加剂，如含有 S、P、Cl 等的有机化合物。这些化合物能在高温下与金属表面发生化学反应，生成 FeS、FeP、FeCl 等化学吸附膜，它们比物理吸附膜更加耐高温和高压。图 5-31 所示外圆车刀带冷却加工就是用的这种切削液。

图5-31　外圆车刀带冷却加工

（2）冷却作用　切削液能带走切削时产生的大量切削热，使切削温度降低，从而有效地减少刀具磨损。冷却能力的好坏取决于切削液的导热系数、比热、汽化热、流量流速等。常用的切削液中，水溶液的冷却效果最好，切削油稍差。

（3）清洗作用　切削液的清洗作用是将粘附在机床、夹具、刀具上的细碎切屑和磨料磨粉清除掉，以减少刀具的磨损，防止划伤已加工表面和机床导轨。清洗性能的好坏取决于切削液的油性、流动性和使用压力。

（4）防锈作用　防锈作用是指保护工件、机床、刀具不受周围介质的影响。防锈作用的强弱取决于切削液本身的成分与添加剂的作用。例如，油比水的防锈能力强，加入防锈剂可有效地提高防锈能力。

（5）切削液的种类及其选用　生产中常用的切削液有水溶液、乳化液和切削油。

1）水溶液。水溶液是在水中加入一定量的添加剂而制成的。其冷却作用、清洗作用较强，润滑作用较差，主要用于磨削。

2）乳化液。乳化液是乳化油加水稀释而成的。乳化油由矿物油与乳化剂配制而成。乳化剂可使矿物油与水乳化，形成稳定的切削液。乳化液主要用于车削、钻削。

3）切削油。切削油的主要成分是矿物油（如 L-AN10、L-AN32 全损耗系统用油等），主要用于滚齿、插齿、车削螺纹、低速铣削。

## 思考与练习

1. 数控机床主要由哪几部分组成？它们分别有什么作用？

2. 数控加工过程主要包括哪些内容？

3. 加工中心是哪种类型的数控机床？它与数控铣床的区别是什么？

4. 简述自动编程方式与手工编程方式的区别。

5. 根据刀具结构不同，常用数控切削刀具可分为哪些类型？

# 项目六

## CAXA 制造工程师数控加工

## 项 目 描 述

### 情景导入

用 CAXA 制造工程师实现数控加工的过程如下：

1）在后置设置中配置好机床参数，这是正确输出代码的关键。

2）看懂图样，用曲线、曲面和实体表达工件。

3）根据工件形状选择合适的加工方式，生成刀位轨迹。

4）生成 G 代码，输送给机床。

### 项目目标

- 了解数控铣削加工的基本概念。
- 掌握铣削刀具的选用原则。
- 掌握加工过程中切削用量的选择方法。
- 掌握加工过程中切削路线的确定方法。
- 掌握刀具库管理工作。
- 掌握后置处理的相关知识。
- 掌握等高线粗加工、精加工的操作方法。
- 掌握生成 G 代码和工艺清单的方法。
- 掌握平面区域粗加工、轮廓精加工的方法。

任务一　　二维数控铣削自动编程

## 任务描述

通过平面区域粗加工命令，对二维图形（图6-1）进行粗加工。

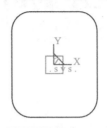

图6-1　二维图形

## 任务实施

1）绘制二维图形，如图6-1所示。

2）在菜单栏中选择"加工"→"常用加工"→"平面区域粗加工"选项，打开"平面区域粗加工"对话框，选择走刀方式（环形加工、从里向外），如图6-2所示。

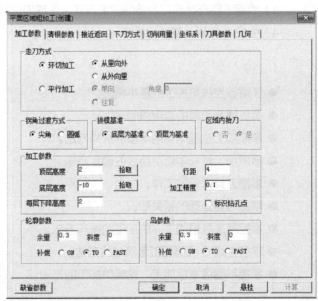

图6-2　"平面区域粗加工"对话框

3）选择下刀方式。设定安全高度为"100"，慢速下刀距离为"10"，退刀距离为"10"，如图6-3所示。

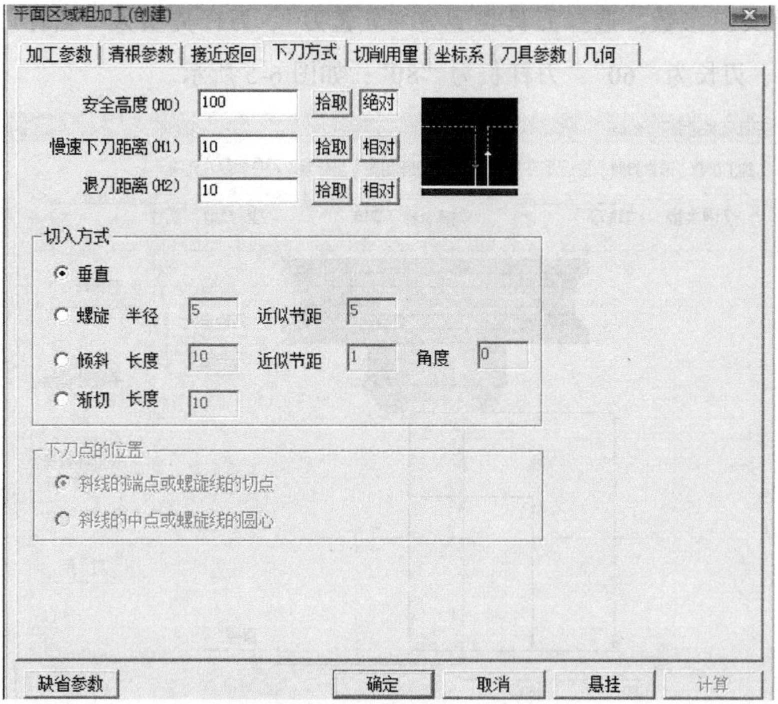

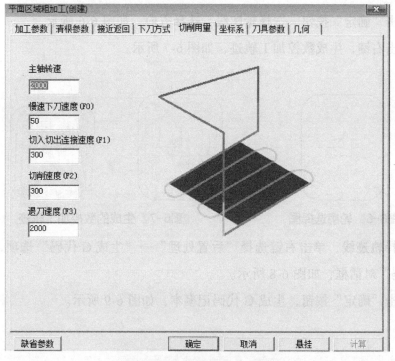

图6-3 "下刀方式"选项卡

4）选择切削用量。确定主轴转速为"2000"，慢速下刀速度为"50"，切入切出连接速度为"300"，切削速度为"300"，退刀速度为"200"，如图 6-4 所示。

图6-4 "切削用量"选项卡

5）选择刀具参数。选择刀具类型为"立铣刀"、刀杆类型为"圆柱"，输入刀具直径为"8"、刃长为"60"、刀杆长为"80"，如图6-5所示。

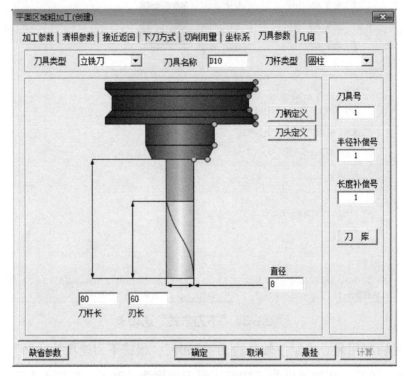

**图6-5 "刀具参数"选项卡**

6）单击"确定"按钮，选择轮廓线，选择方向，如图6-6所示。

7）单击右键，生成数控加工轨迹，如图6-7所示。

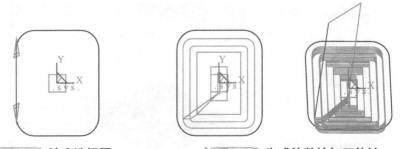

**图6-6 轮廓选择图**　　　　**图6-7 生成的数控加工轨迹**

8）选择轨迹线，单击右键选择"后置处理"→"生成G代码"选项，出现"生成后置代码"对话框，如图6-8所示。

9）单击"确定"按钮，生成G代码记事本，如图6-9所示。

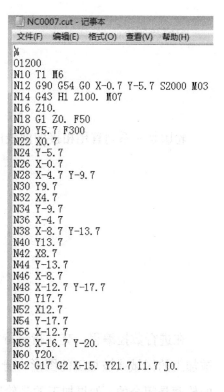

图6-9 G代码记事本

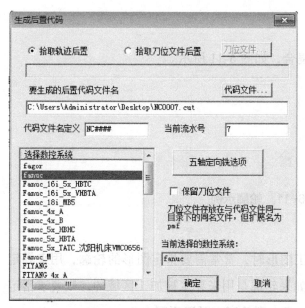

图6-8 "生成后置代码"对话框

10）在菜单栏中选择"加工"→"工艺清单"选项，弹出"工艺清单"对话框；在其中选择加工轨迹，单击"生成 EXCEL 清单"按钮。单击"确定"按钮后生成工艺清单，如图6-10所示。

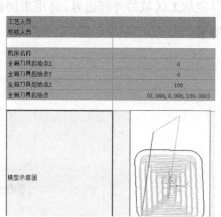

图6-10 工艺清单生成

一、数控加工的基本概念

1. 轮廓

轮廓是一系列首尾相接的曲线的集合，如图 6-11 所示。

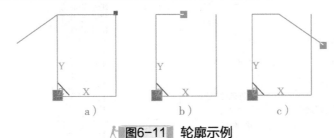

图6-11 轮廓示例

a）闭轮廓 b）开轮廓 c）有自交点的轮廓

在进行数控编程，交互指定待加工图形时，常常需要指定图形的轮廓，用来界定被加工的区域或被加工的图形本身。如果轮廓是用来界定被加工区域的，则要求指定的轮廓是闭合的；如果加工的是轮廓本身，则轮廓也可以不闭合。

由于 CAXA 制造工程师对轮廓作到当前坐标系的平面投影，所以组成轮廓的曲线可以是空间曲线，但要求指定的轮廓无自交点。

2. 区域和岛

区域是由一个闭合轮廓围成的内部空间，其内部可以有"岛"。岛也是由闭合轮廓界定的。

区域是外轮廓和岛之间的部分。由外轮廓和岛共同指定待加工区域，外轮廓用来界定加工区域的外部边界，岛用来屏蔽其内部不需要加工或需要保护的部分，如图 6-12 所示。

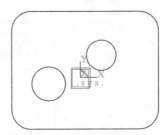

图6-12 轮廓与岛的关系

3. 刀具

CAXA 制造工程师主要针对数控铣削加工，目前提供三种铣刀：球头铣刀（$r=R$）、面铣刀（$r=0$）和 R 刀（$r<R$），其中 $R$ 为刀具的半径、$r$ 为刀角半径。刀具参数中还有刀杆长度 $L$ 和切削刃长度 $l$，如图 6-13 所示。

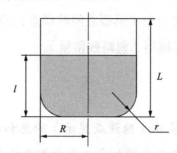

**图6-13** 刀具参数示意图

在三轴加工中，面铣刀和球头铣刀的加工效果有明显区别。当曲面形状复杂、有起伏时，建议使用球头铣刀，适当调整加工参数即可达到较好的加工效果。在两轴加工中，为提高效率，建议使用面铣刀，因为选用相同的参数，球头铣刀会留下较大的残留高度。选择切削刃长度和刀杆长度时，应考虑机床的情况及零件的尺寸是否会发生干涉。

对于刀具，还应区分刀尖和刀心，两者均是刀具对称轴上的点，其间差一个刀角半径。

4. 刀具轨迹

刀具轨迹是系统按给定工艺要求生成的，对给定加工图形进行切削时刀具行进的路线。刀具轨迹由一系列有序的刀位点和连接这些刀位点的直线（直线插补）或圆弧（圆弧插补）组成。CAXA 制造工程师的刀具轨迹是按刀尖位置来计算和显示的。

5. 干涉

在切削被加工表面时，如果刀具切到了不应该切的部分，则称为出现干涉现象，或者称为过切。

在 CAXA 制造工程师中，干涉分为以下两种情况：

1）自身干涉：被加工表面中存在刀具切削不到的部分时存在的过切现象。

2）面间干涉：在加工一个或一系列表面时，可能会对其他表面产生过切的现象。

6. 模型

一般来说，模型是指系统存在的所有曲面和实体的总和（包括隐藏的曲面或实体）。

几何形状在造型时，若模型的曲面是光滑连续（法矢连续）的，如球面是一个理想的光滑连续的面，则称这样的理想模型为几何模型。但是，加工时不可能完成这样一个理想的几何模型。所以，一般把一张曲面离散成一系列三角片，由这样一系列三角片构成的模型称为加工模型。加工模型与几何模型之间的误差称为几何精度。加工精度是按轨迹加工出来的零件与加工模型之间的误差，当加工误差趋近于 0 时，轨迹对应的加工件的形状就是加工模型（忽略残留量）。

由于系统中所有曲面及实体（隐藏或显示）的总和称为模型，所以用户在增删面时一定要小心，因为删除曲面或增加实体元素都意味着对模型进行了修改，这样，已生成的轨迹可能就不再适用于新的模型了，严重的话会导致过切。

因此，使用加工模块的过程中，尽量不要增删曲面，如果一定要增删曲面，则须重置（重新）计算所有的轨迹。

### 二、加工功能及其参数设置

#### 1. 毛坯

毛坯功能用于定义毛坯，"毛坯定义"对话框如图6-14所示。

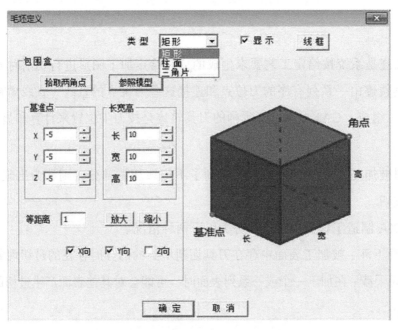

图6-14 "毛坯定义"对话框

（1）类型　使用户能够根据所要加工工件的形状选择毛坯的形状，分为矩形、柱面和三角片三种毛坯方式。其中，三角片方式为自定义毛坯方式。

（2）包围盒

1）拾取两角点：通过拾取毛坯的两个角点（与拾取顺序、位置无关）来定义毛坯。

2）参照模型：系统自动计算模型的包围盒，以此作为毛坯。

3）基准点：毛坯在世界坐标系中的左下角点。

4）长宽高：毛坯在 X 方向、Y 方向和 Z 方向的尺寸。

（3）显示　用于设定是否在工作区中显示毛坯。

2. 起始点

起始点功能用于定义全局加工的起始点，"全局轨迹起始点"对话框如图 6-15 所示。

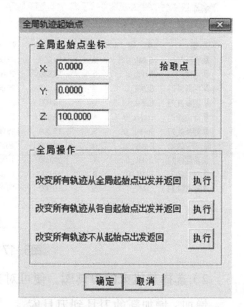

图6-15　"全局轨迹起始点"对话框

全局起始点坐标：可以通过输入数值或者单击"拾取点"按钮来设定刀具起始点。

计算轨迹时，默认以全局刀具起始点为刀具起始点，计算完毕后，用户可以对该轨迹的刀具起始点进行修改。"全局起始点"按钮在此处不可用。

### 3. 刀具库

刀具库功能用于定义、确定刀具的有关数据，以便使用户从刀具库中调用信息和对刀具库进行维护。

1）双击加工轨迹树中的"刀具库"图标，如图6-16所示；弹出的"刀具库"对话框，如图6-17所示。

**图6-16** 加工轨迹树

| 类型 | 名称 | 刀号 | 直径 | 刃长 | 全长 | 刀杆类型 | 刀杆直径 | 半径补偿号 | 长度补偿号 |
|---|---|---|---|---|---|---|---|---|---|
| 立铣刀 | EdML_0 | 0 | 10.000 | 25.000 | 40.000 | 圆柱 | 0.000 | 0 | 0 |
| 立铣刀 | EdML_0 | 1 | 10.000 | 25.000 | 40.000 | 圆柱+圆锥 | 10.000 | 1 | 1 |
| 圆角铣刀 | BulML_0 | 2 | 10.000 | 25.000 | 40.000 | 圆柱 | 0.000 | 2 | 2 |
| 圆角铣刀 | BulML_0 | 3 | 10.000 | 25.000 | 40.000 | 圆柱+圆锥 | 10.000 | 3 | 3 |
| 球头铣刀 | SphML_0 | 4 | 10.000 | 25.000 | 40.000 | 圆柱 | 0.000 | 4 | 4 |
| 球头铣刀 | SphML_0 | 5 | 12.000 | 25.000 | 40.000 | 圆柱+圆锥 | 10.000 | 5 | 5 |
| 燕尾刀 | DvML_0 | 6 | 20.000 | 6.000 | 40.000 | 圆柱 | 0.000 | 6 | 6 |
| 燕尾刀 | DvML_0 | 7 | 20.000 | 6.000 | 40.000 | 圆柱+圆锥 | 10.000 | 7 | 7 |
| 球形铣刀 | LoML_0 | 8 | 12.000 | 12.000 | 40.000 | 圆柱 | 0.000 | 8 | 8 |
| 球形铣刀 | LoML_1 | 9 | 10.000 | 10.000 | 40.000 | 圆柱+圆锥 | 10.000 | 9 | 9 |

共20把 　增加　清空　导入　导出

确定　取消

**图6-17** "刀具库"对话框

2）选择某机床的刀具库，便可对其进行增加刀具、清空刀库等编辑操作。

增加：增加新的刀具到刀具库。

清空：删除刀具库中的所有刀具。

导入：导入已经保存好的刀具表。

导出：导出所有刀具。

3）刀具列表。显示刀具库中的所有刀具及其主要参数。

4）一般操作。对刀具库中的所有刀具进行复制、剪切、粘贴、排序等操作。

5）刀具示意。示意显示选中的刀具。

注意：刀具编辑不能取消，所以在进行删除刀具、刀具库等操作时一定要小心。

4. 刀具参数

在每个加工功能的参数表中，都有"刀具参数"选项卡，用于设置刀具参数，如图 6-18 所示。

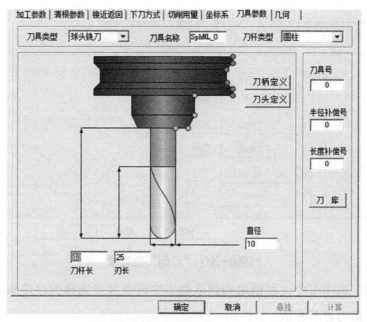

图6-18 "刀具参数"选项卡

刀具库中能存放用户定义的不同的刀具，包括钻头、铣刀等，用户可以很方便地从刀具库中取出所需的刀具。刀具库中会显示刀具类型、刀具名称、刀具号等主要参数。

刀具主要由切削刃、刀杆和刀柄三部分组成，如图 6-19 所示。

1）刀具类型：铣刀或钻头。

2）刀具名称。

3）刀具号：刀具在加工中心中的位置编号，便于加工过程中换刀。

4）刀具补偿号：包括半径补偿号和长度补偿号。

5）刀具半径：切削刃部分最大截面圆的半径。

6）刀角半径：切削刃部分球形轮廓区域半径的大小，只对铣刀有效。

7）刀柄半径：刀柄部分截面圆的半径。

8）刀尖角度：钻尖的圆锥角，只对钻头有效。

9）刃长：切削刃部分的长度。

10）刀杆长：刀杆部分的长度。

11）刀具全长：刀杆与刀柄长度的总和。

图6-19 刀具的组成

### 5. 几何

在每个加工功能的参数表中，都有"几何"选项卡，用于设置几何参数，如图6-20所示。

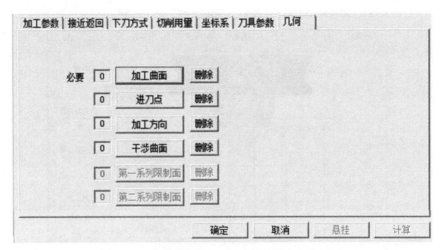

图6-20 "几何"选项卡

在"几何"选项卡中，可拾取和删除加工中所有需要选择的曲线和曲面，以及加工方向和进、退刀点等参数。

### 6. 切削用量

在每个加工功能的参数表中，都有"切削用量"选项卡，用于设置切削用量，如图6-21所示。

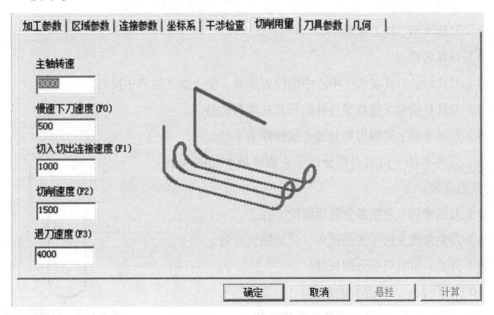

图6-21 "切削用量"选项卡

1）主轴转速：设定主轴转速，单位为 r/min。

2）慢速下刀速度 (F0)：设定慢速下刀轨迹段的进给速度，单位为 mm/min。

3）切入切出连接速度 (F1)：设定切入轨迹段、切出轨迹段、连接轨迹段、接近轨迹段和返回轨迹段的进给速度，单位为 mm/min。

4）切削速度 (F2)：设定切削轨迹段的进给速度，单位为 mm/min。

5）退刀速度 (F3)：设定退刀轨迹段的进给速度，单位为 mm/min。

## 任务二　眼镜盒数控铣削自动编程

### 任务描述

通过平面区域粗加工命令，对眼镜盒三维实体（图 6-22）进行粗加工。

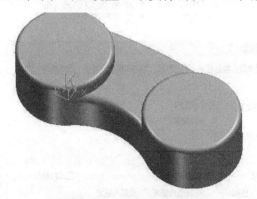

图6-22　眼镜盒三维实体

### 任务实施

1）打开眼镜盒三维实体模型。

2）在轨迹树中双击"毛坯"选项，在"毛坯参数"对话框中设定毛坯类型为"矩形"，选择参照模型后，单击"确定"按钮完成操作，如图 6-23 所示。

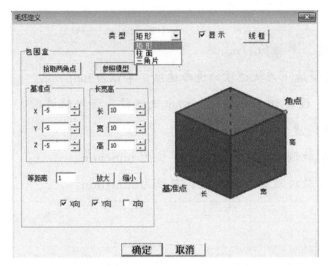

**图6-23 新建毛坯**

3）在菜单栏中选择"加工"→"常用加工"→"平面区域粗加工"选项，打开"平面区域粗加工"对话框，选择走刀方式为"环形加工、从里向外"，如图6-24所示。

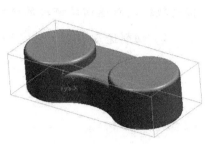

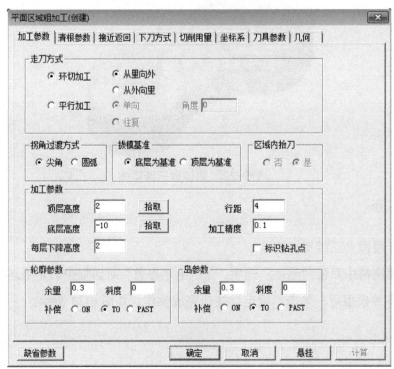

**图6-24 "平面区域粗加工"对话框**

4）设定切削用量。设定主轴转速为"800"、慢速下刀速度为"100"、切入切出连接速度为"300"、切削速度为"80"、退刀速度为"200"，如图 6-25 所示。

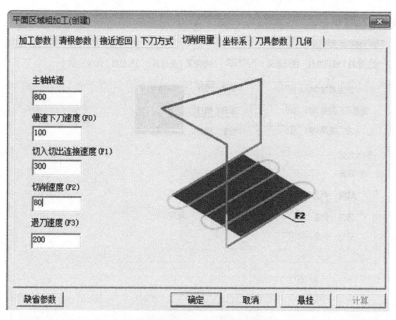

图6-25　设定切削用量

5）设定刀具参数。选择刀具类型为"立铣刀"、刀杆类型为"圆柱"，输入刀具直径为"18"、刃长为"60"、刀杆长为"80"，如图 6-26 所示。

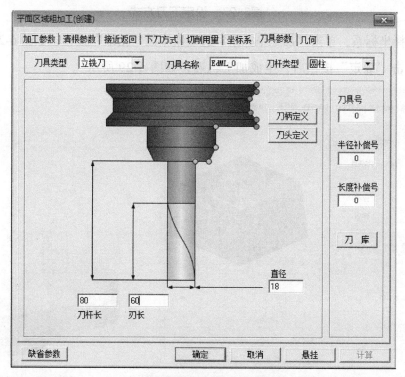

图6-26　设定刀具参数

6）设定下刀方式。设定安全高度为"20"、慢速下刀距离为"10"、退刀距离为"10"，如图 6-27 所示。

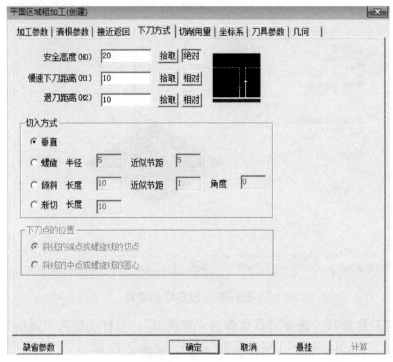

图6-27　设定下刀方式

7）选择坐标系，单击"加工坐标系"选项组中的"拾取"按钮，如图 6-28 所示。

8）单击"确定"按钮后，生成加工轨迹，如图 6-29 所示。

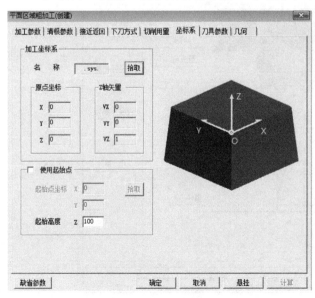

图6-28　加工坐标系的设定

图6-29　生成的加工轨迹

9）选择轨迹线，单击右键选择"后置处理"→"生成 G 代码"选项，出现"生成后置代码"对话框，如图 6-30 所示。

10）单击"确定"按钮后，生成 G 代码记事本，如图 6-31 所示。

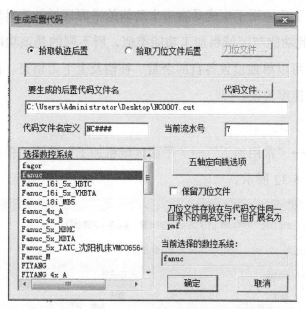

图6-30 "生成后置代码"对话框

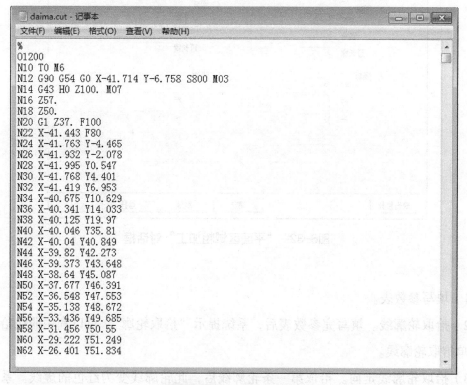

图6-31 G代码记事本

## 知识链接

平面区域粗加工

平面区域粗加工功能用于生成具有多个岛屿的平面区域的刀具轨迹，适合 2 轴或 2.5 轴的粗加工。此功能与区域粗加工功能类似，所不同的是该功能支持轮廓和岛屿的分别清根设置，可以单独设置各自的余量、补偿及上下刀信息。最明显的区别就是该功能的轨迹生成速度较快。

1. 启动命令的方式

选择"加工"→"常用加工"→"平面区域粗加工"选项，弹出"平面区域粗加工"对话框，如图 6-32 所示。

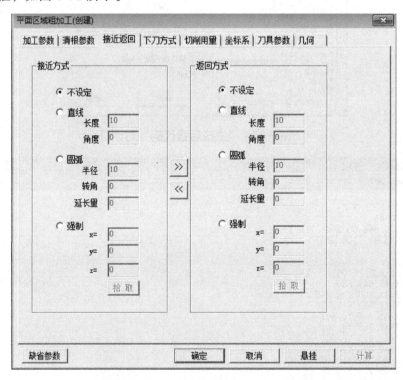

**图6-32** "平面区域粗加工"对话框

2. 操作步骤

1）填写参数表。

2）拾取轮廓线。填写完参数表后，系统提示"拾取轮廓"，可以利用曲线拾取工具菜单拾取轮廓线。

3）拾取轮廓线走向。拾取第一条轮廓线后，此轮廓线变为红色的虚线。系统提示"选择方向"，要求用户选择一个方向，此方向表示刀具的加工方向，同时也表示拾取轮廓线的方向。

4）拾取岛。拾取完区域轮廓线后，系统要求拾取第一个岛。在拾取岛的过程中，系统会自动判断岛自身的封闭性。如果所拾取的岛由一条封闭的曲线组成，则系统提示拾取第二个岛；如果所拾取的岛由两条以上首尾连接的封闭曲线组合而成，则当拾取到一条曲线后，系统提示继续拾取，直到岛轮廓已经封闭。如果有多个岛，则系统会继续提示拾取岛。

5）生成刀具轨迹。岛拾取完毕后，单击鼠标右键确认。确认后，系统将立即给出刀具轨迹。

每种加工方式的对话框中都有"确定""取消""悬挂"三个按钮。单击"确定"按钮确认加工参数，开始随后的交互过程。单击"取消"按钮取消当前的命令操作。单击"悬挂"按钮表示加工轨迹并不马上生成，交互结束后并不计算加工轨迹，而是在执行轨迹生成批处理命令时才开始计算，这样就可以将很多计算复杂、耗时的轨迹生成任务准备好，直到空闲的时间，如夜晚才开始真正计算，大大提高了工作效率。

## ✎ 参 数

1."加工参数"选项卡（图6-24）

（1）走刀方式

1）平行加工：刀具以平行走刀方式切削工件。可改变生成的刀位行与X轴的夹角，也可选择单向或往复方式：

①单向：刀具以单一的"顺铣"或"逆铣"方式加工工件。

②往复：刀具以顺、逆混合的方式加工工件。

2）环切加工：刀具以环状走刀方式切削工件。可选择"从里向外"或"从外向里"的方式，如图6-33所示。

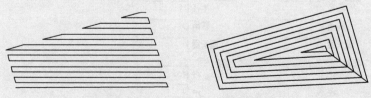

**图6-33 环切加工（从外向里）**

（2）标识钻孔点 选中该复选框将自动显示下刀钻孔的点。

2. "清根参数"选项卡（图6-34）

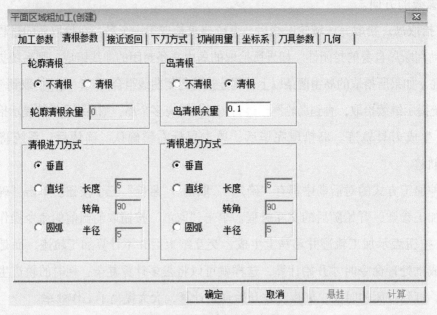

图6-34 "清根参数"选项卡

（1）轮廓清根　延轮廓线清根。"轮廓清根余量"是指清根之前所剩的量。

（2）岛清根　延岛曲线清根。"岛清根余量"是指清根之前所剩的量。

（3）清根进、退刀方式　分为垂直、直线、圆弧三种方式。

3. "接近返回"选项卡（图6-35）

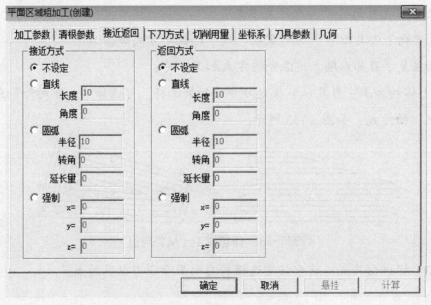

图6-35 "接近返回"选项卡

（1）接近方式　分为不设定、直线、圆弧和强制四种方式。

（2）返回方式　分为不设定、直线、圆弧和强制四种方式。

4. "下刀方式" 选项卡（图6-36）

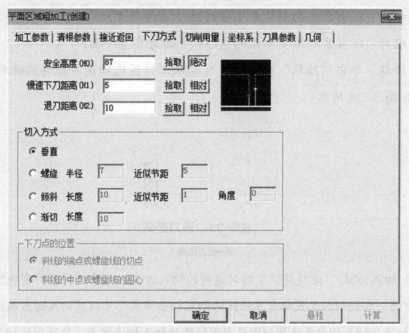

**图6-36**　"下刀方式" 选项卡

（1）安全高度　刀具快速移动而不会与毛坯或模型发生干涉的高度，有相对与绝对两种模式，单击 "相对" 或 "绝对" 按钮可以实现二者的互换。

1）相对：以切入、切出、切削开始或切削结束位置的刀位点为参考点。

2）绝对：以当前加工坐标系的XOY平面为参考平面。

3）拾取：单击 "拾取" 按钮后，可以从工作区选择安全高度的绝对位置高度点。

（2）慢速下刀距离　在切入或切削开始前的一段刀位轨迹的位置长度，这段轨迹以慢速下刀速度垂直向下进给。有 "相对" 与 "绝对" 两种模式，单击 "相对" 或 "绝对" 按钮可以实现二者的互换。

1）相对：以切入或切削开始位置的刀位点为参考点。

2）绝对：以当前加工坐标系的XOY平面为参考平面。

3）拾取：单击 "拾取" 按钮后，可以从工作区选择慢速下刀距离的绝对位置高度点，如图6-37所示。

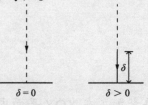

**图6-37**　下刀距离

$\delta$—慢速下刀距离

（3）退刀距离　在切出或切削结束后的一段刀位轨迹的位置长度，这段轨迹以退刀速度垂直向上进给。有"相对"与"绝对"两种模式，单击"相对"或"绝对"按钮可以实现二者的互换。

1）相对：以切出或切削结束位置的刀位点为参考点。

2）绝对：以当前加工坐标系的 XOY 平面为参考平面。

3）拾取：单击"拾取"按钮后，可以从工作区选择退刀距离的绝对位置高度点，如图 6-38 所示。

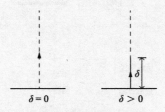

**图6-38　退刀距离**

δ—退刀距离

（4）切入方式　此处提供了四种通用的切入方式，几乎适用于所有铣削加工策略，其中的一些切削加工策略有其特殊的切入切出方式（可以在切入切出属性界面中设定）。如果在切入切出属性界面中设定了特殊的切入切出方式，则通用的切入切出方式将不起作用。

1）垂直：刀具沿垂直方向切入。

2）螺旋：刀具以螺旋方式切入。

3）倾斜：刀具以与切削方向相反的倾斜线方向切入。

4）渐切：刀具沿加工切削轨迹切入。

5）长度：切入轨迹段的长度，以切削开始位置的刀位点为参考点。

6）近似节距：螺旋和倾斜切入时近似的走刀高度。

7）角度：渐切和倾斜线走刀方向与 XOY 平面的夹角。

### 有多个岛的平面区域加工实例

要求加工在 XOY 平面内由封闭的圆弧轮廓线和两个封闭的多边形岛构成的区域。采用平行往复加工方式，所有余量和误差都为 0，行距为 1mm，所有拔模角度都为 0°。

根据前面的操作说明结合系统提示，可以生成图 6-39 所示的刀具轨迹。

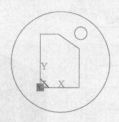

 图6-39　刀具轨迹示意图

注 意

1）轮廓与岛应在同一平面内，最好按其实际高度绘制。这样便于检查刀具轨迹，减少错误的产生。

2）CAXA 制造工程师不支持在加工平面区域时，存在岛中有岛的情况。

## 任务三　肥皂盒数控铣削自动编程

### 任务描述

通过平面区域粗加工命令，对肥皂盒三维实体（图 6-40）进行粗加工。

图6-40　肥皂盒三维实体

### 任务实施

1）打开肥皂盒三维实体模型。

2）在特征树中双击"毛坯"选项，在"毛坯定义"对话框中设定毛坯类型为"矩形"，选择参照模型后，单击"确定"按钮完成操作，如图 6-41 所示。

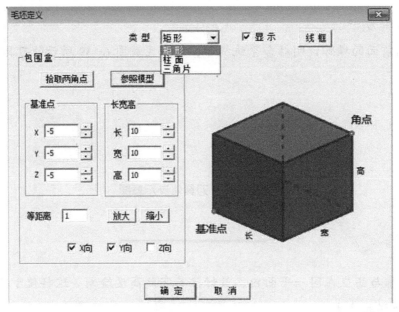

图6-41 新建毛坯

3）在菜单栏中选择"加工"→"常用加工"→"等高线粗加工"选项，打开"等高线粗加工"对话框。设定加工方式为"往复"，选择加工方向为"顺铣"、加工余量为"0.5"、加工精度为"0.1"，如图 6-42 所示。

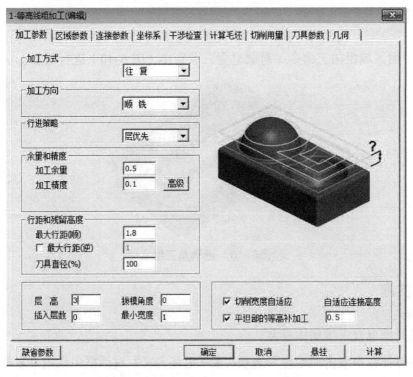

图6-42 "等高线粗加工"对话框

4）设定切削用量。确定主轴转速为"800"、慢速下刀速度为"50"、切入切出连接速度为"300"、切削速度为"80"、退刀速度为"200"，如图6-43所示。

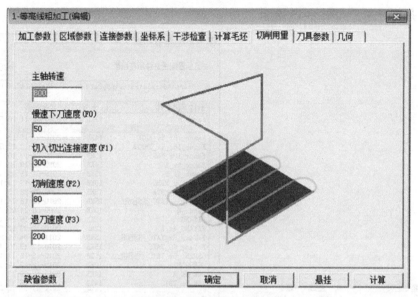

图6-43　设定切削用量

5）设定刀具参数。选择刀具类型为"立铣刀"、刀杆类型为"圆柱"，输入刀具直径为"18"、刃长为"60"、刀杆长为"80"，如图6-44所示。

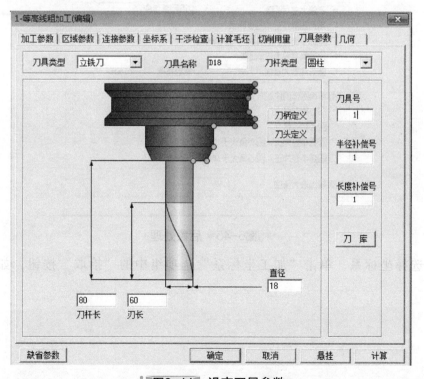

图6-44　设定刀具参数

6）在"后置处理"中选择"后置设置"，双击"fanuc"选项，出现"CAXA后置配置-fanuc"对话框；选择"运动"选项卡，设置圆弧的参数，确定输出的程序是R方式还是I方式，如图6-45所示。

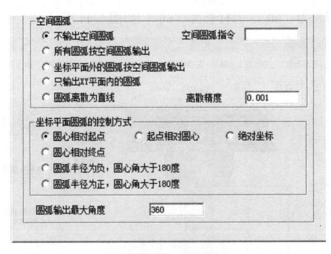

图6-45 后置处理

7）选择坐标系，单击"加工坐标系"选项组中的"拾取"按钮，如图6-46所示。

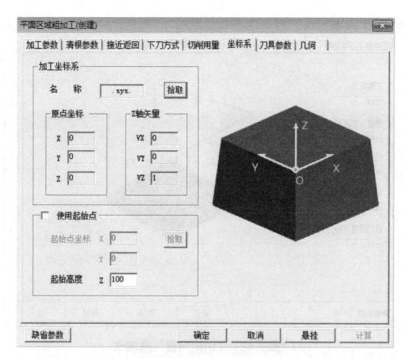

图6-46 设定加工坐标系

8）单击"确定"按钮后，生成加工轨迹，如图 6-47 所示。

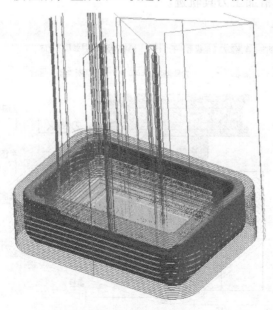

图6-47 生成的加工轨迹

9）选择"等高线精加工"方式，设定精加工切削用量。输入主轴转速为"2000"、慢速下刀速度为"200"、切入切出连接速度为"400"、切削速度为"400"、退刀速度为"2000"，如图 6-48 所示。

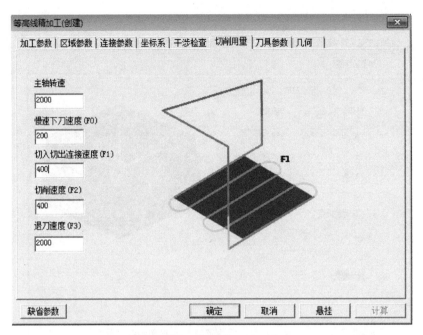

**图6-48** "切削用量"选项卡

10）切换至"刀具参数"选项卡，输入刀具直径为"10"，如图 6-49 所示。单击"确定"按钮后，生成精加工刀具轨迹。

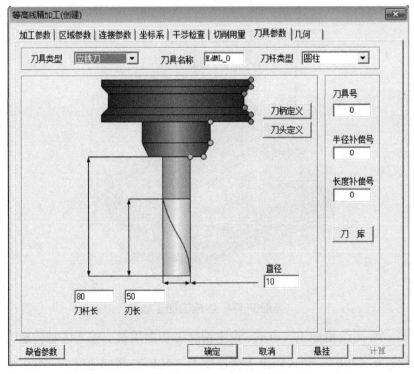

**图6-49** "刀具参数"选项卡

## 知识链接

### 1. 等高线粗加工

等高线粗加工功能用于生成分层等高式粗加工轨迹。

在菜单栏中选择"加工"→"常用加工"→"多轴等高线粗加工"选项，弹出图 6-50 所示的"等高线粗加工"对话框。

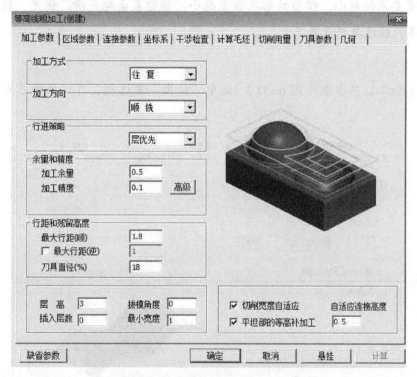

图6-50 "等高线粗加工"对话框

## 参数

1."加工参数"选项卡（图 6-50）

（1）加工方向 加工方向有"顺铣"和"逆铣"两种方式。

（2）行进策略 加工顺序有"区域优先"和"层优先"两种方式。

（3）层高和行距

1）层高：Z 向每个加工层的背吃刀量。

2）最大行距：XY 方向的切入量。

3）插入层数：两层之间插入轨迹。

4）拔模角度：加工轨迹会出现角度。

（4）平坦部的等高补加工　对平坦部位进行两次补充加工。

（5）切削宽度自适应　自动计算切削宽度。

（6）余量和精度　加工精度：输入模型的加工精度要求。计算模型的加工轨迹误差应小于此值。加工精度要求值越大，模型的形状误差越大，模型表面越粗糙；加工精度要求值越小，模型的形状误差越小，模型表面越光滑。但是，轨迹段的数目增多，轨迹数据量将变大。

2. "区域参数"选项卡

（1）加工边界参数（图6-51）　选中"使用"复选框，可以拾取已有的边界曲线。

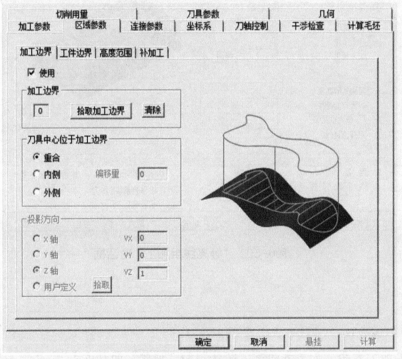

**图6-51** 加工边界参数

1）重合：刀具位于边界上。

2）内侧：刀具位于边界的内侧。

3）外侧：刀具位于边界的外侧。

（2）工件边界参数（图6-52）　选中"使用"复选框后，以工件本身为边界。

边界内侧　　　　边界上　　　　边界外侧

图6-52　工件边界参数

1）工件的轮廓：刀尖位于工件轮廓上。

2）工件底端的轮廓：刀尖位于工件底端轮廓上。

3）刀触点和工件确定的轮廓：刀接触点位于轮廓上。

（3）高度范围参数（图6-53）

1）自动设定：以给定的毛坯高度自动设定 Z 的范围。

2）用户设定：用户自定义 Z 的起始高度和终止高度。

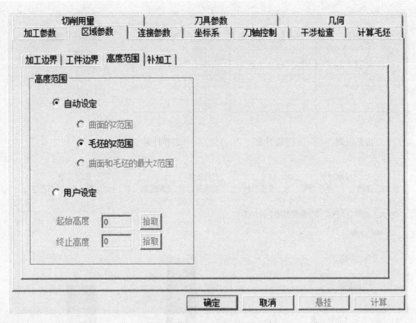

图6-53 高度范围参数

（4）补加工参数（图6-54）　选中"使用"复选框后，可以自动计算前一把刀具加工后的剩余量并进行补加工。

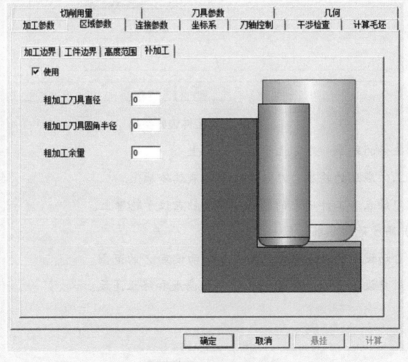

图6-54 补加工参数

1）粗加工刀具直径：填写前一把刀具的直径。

2）粗加工刀具圆角半径：填写前一把刀具的刀角半径。

3）粗加工余料：填写粗加工余量。

3."连接参数"选项卡。

（1）连接方式参数（图6-55）

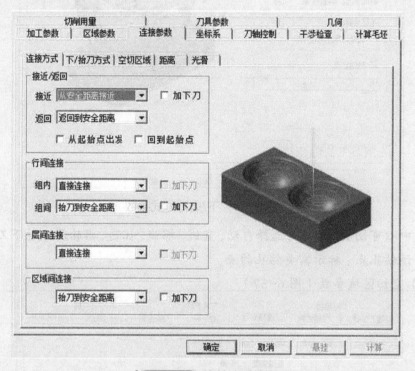

**图6-55** 连接方式参数

1）接近/返回：从设定的高度接近工件和从工件返回到设定高度。选中"加下刀"复选框后，可以加入所选定的下刀方式。

2）行间连接：每行轨迹间的连接。选中"加下刀"复选框后，可以加入所选定的下刀方式。

3）层间连接：每层轨迹间的连接。选中"加下刀"复选框后，可以加入所选定的下刀方式。

4）区域间连接：两个区域间的轨迹连接。选中"加下刀"复选框后，可以加入所选定的下刀方式。

（2）下/抬刀方式参数（图6-56）

1）中心可切削刀具：可选择自动、直线、螺旋、往复、沿轮廓五种下刀方式。

2）预钻孔点：标示需要钻孔的点。

（3）空切区域参数（图6-57）

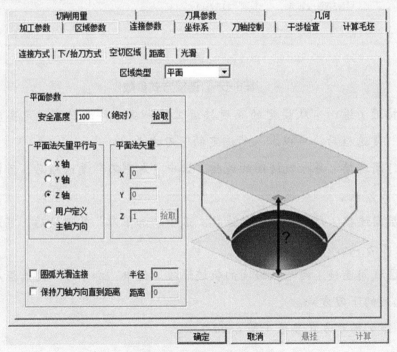

图6-57　空切区域参数

1）平面参数：安全高度是指刀具快速移动而不会与毛坯或模型发生干涉的高度。

2）平面法矢量平行与：目前只有主轴方向。

3）平面法矢量：目前只有 Z 轴正向。

4）圆弧光滑连接：抬刀后加入圆角半径。

5）保持刀轴方向直到距离：保持刀轴的方向，直到达到所设定的距离。

（4）距离参数（图 6-58）

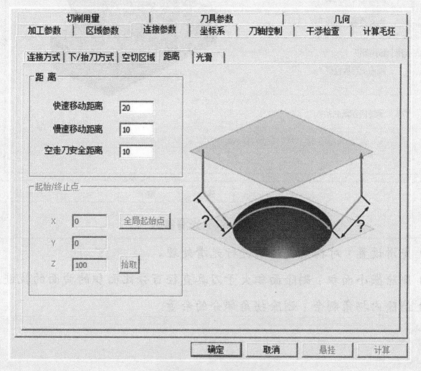

图6-58　距离参数

1）快速移动距离：在切入或切削开始前的一段刀位轨迹的位置长度，这段轨迹以快速移动方式进给。

2）慢速移动距离：在切入或切削开始前的一段刀位轨迹的位置长度，这段轨迹以慢速移动速度进给。

3）空走刀安全距离：距离工件的高度安全距离。

（5）光滑参数（图 6-59）

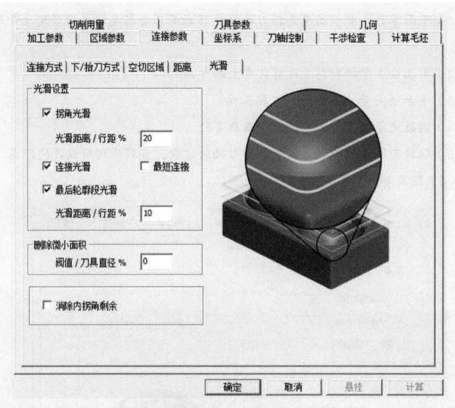

图6-59 光滑参数

1）光滑设置：对拐角或轮廓进行光滑处理。

2）删除微小面积：删除面积大于刀具直径百分比面积的曲面的轨迹。

3）消除内拐角剩余：删除拐角部分的余量。

2. 平面轮廓精加工

平面轮廓精加工功能主要用于加工封闭的和不封闭的轮廓，适用于 2 轴和 2.5 轴精加工，支持具有一定拨模斜度的轮廓轨迹的生成，可以为生成的每一层轨迹定义不同的余量，且生成轨迹的速度较快。

（1）启动命令的方式　在菜单栏中选择"加工"→"常用加工"→"平面轮廓精加工"选项，或者单击加工工具栏中的"平面轮廓精加工"按钮，弹出图 6-60 所示的对话框。

（2）具体操作步骤

1）填写参数表。

2）拾取轮廓线。填写完参数表后，单击"确定"按钮，系统将提示"拾取轮廓"。此时，可以利用曲线拾取工具菜单拾取轮廓线：按【Space】键，弹出工具菜单，该菜单中提供了三种轮廓线拾取方式，即单个拾取，链拾取和限制链拾取。

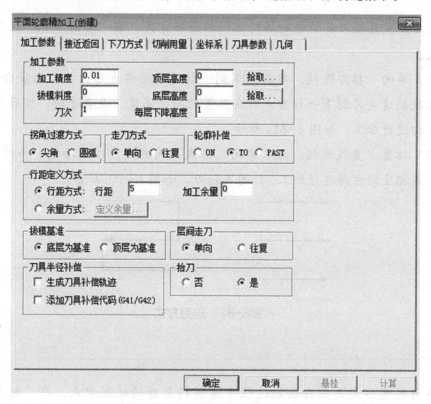

图6-60 "平面轮廓精加工"对话框

3）确定轮廓线拾取方向。拾取第一条轮廓线后，此轮廓线变为红色的虚线。系统提示"选择方向"，要求用户选择一个方向，此方向表示刀具的加工方向，同时也表示拾取轮廓线的方向。

选择方向后，如果采用的是链拾取方式，则系统自动拾取首尾连接的轮廓线；如果采用的是单个拾取方式，则系统提示继续拾取轮廓线；如果采用的是限制链拾取方式，则系统自动拾取该曲线与限制曲线之间的连接曲线。

4）选择加工侧边。拾取完轮廓线后，系统要求继续选择方向，此方向表示加工的侧边是加工轮廓线内侧还是轮廓线外侧的区域。

5）生成刀具轨迹。选择加工侧边之后，系统生成绿色的刀具轨迹。

**参数**

"加工参数"选项卡的参数如下。

**1. 走刀方式**

走刀方式是指刀具轨迹行与行之间的连接方式,有"单向"和"往复"两种方式。

(1)单向 抬刀连接。刀具加工到一行刀位的终点后,抬刀到安全高度,再沿直线快速走刀到下一行首点所在位置的安全高度,垂直进给,然后沿着相同的方向进行加工,如图6-61a所示。

(2)往复 直线连接。与"单向"方式不同的是,在进给完一个行距后,刀具沿着相反的方向进行加工,行间不抬刀,如图6-61b所示。

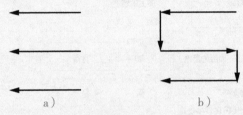

a) b)

**图6-61 走刀方式**

a)单向进给 b)往复进给

**2. 拐角过渡方式**

拐角过渡方式是指在切削过程中遇到拐角时的处理方式,有"尖角"和"圆弧"两种过渡方式。

(1)尖角 刀具从轮廓的一边到另一边的过程中,以两条边延长后相交的方式进行连接。

(2)圆弧 刀具从轮廓的一边到另一边的过程中,以圆弧的方式过渡,过渡半径=刀具半径+余量。

**3. 加工参数**

加工参数包括一些参考平面的高度参数(高度是指Z向的坐标值),当需要进行锥度加工时,还需要给定拔模角度和每层下降高度。

(1)顶层高度 被加工工件的最高高度,切削第一层时,下降一个每层下降高度。

(2)底面高度 加工的最后一层所在的高度。

(3)每层下降高度 相邻两层之间的间隔高度。

（4）拔模斜度　加工完成后，轮廓所具有的倾斜度。

（5）刀次　生成的刀位行数。

#### 4. 拔模基准

当加工的工件带有拔模斜度时，工件顶层轮廓与底层轮廓的大小不一样。用"平面轮廓"功能生成加工轨迹时，只需画出工件顶层或底层的一个轮廓形状即可，无需画出两个轮廓。"拔模基准"用来确定轮廓是工件的顶层轮廓还是底层轮廓。

（1）底层为基准　加工中所选的轮廓是工件底层的轮廓。

（2）顶层为基准　加工中所选的轮廓是工件顶层的轮廓。

#### 5. 轮廓补偿

（1）ON：刀心线与轮廓重合。

（2）TO：刀心线未达到轮廓一个刀具半径。

（3）PAST：刀心线超过轮廓一个刀具半径。

补偿是左偏还是右偏，取决于加工的是内轮廓还是外轮廓，如图 6-62 所示。

**图6-62　轮廓补偿**

a）TD方式　b）PAST方式

#### 6. 添加刀具补偿代码（G41/G42）

选中该复选框，机床将自动偏置刀具半径，输出的代码中会自动加上 G41/G42（左偏 / 右偏）、G40（取消补偿），这与拾取轮廓时的方向有关。自动加上 G41/G42 以后的 G 代码格式是否正确，可参考机床说明书中有关刀具半径补偿部分的叙述。

#### 7. 行距定义方式

确定加工刀次后，刀具加工的行距可由两种方式确定。

（1）行距方式　确定最后加工完工件的余量及每次加工之间的行距，也称为等行距加工。

（2）余量方式　定义每次加工完所留的余量，也称为不等行距加工。余量的次数在刀次中定义，最多可定义 10 次加工余量。

在余量方式下，单击"定义余量"按钮可弹出"定义加工余量"对话框，如图 6-63 所示。由于在刀次选项中已经定义为"3"，所以图 6-63 中只有 3 次加工余量可供定义。

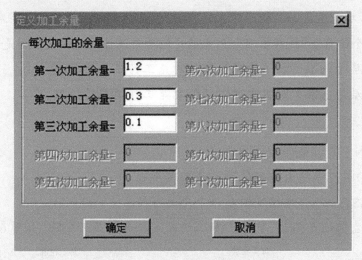

图6-63 "定义加工余量"对话框

 注 意

1）轮廓线可以是封闭的，也可以是不封闭的。

2）轮廓既可以是 XOY 平面内的平面曲线，也可以是空间曲线。若是空间轮廓线，则系统将轮廓线投射到 XOY 平面之后生成刀具轨迹。

3）可以利用该功能完成分层的轮廓加工。通过指定"当前高度""底面高度"及"每层下降高度"，即可定出加工的层数。进一步指定"拔模角度"，则可实现具有一定锥度的分层加工。

3. 等高线精加工

等高线精加工功能用于生成等高线加工轨迹。在菜单栏中选择"加工"→"常用加工"→"等高线精加工"选项，弹出图 6-64 所示的"等高线精加工"对话框。

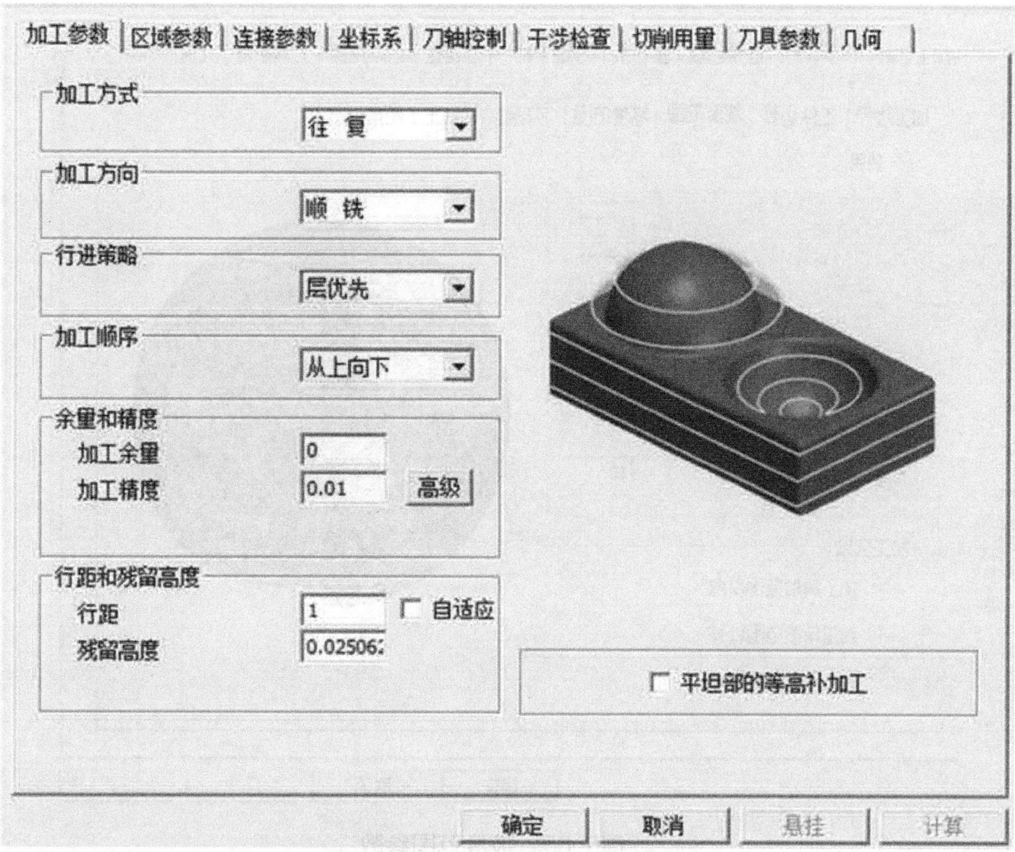

加工参数 | 区域参数 | 连接参数 | 坐标系 | 刀轴控制 | 干涉检查 | 切削用量 | 刀具参数 | 几何 |

加工方式
往 复

加工方向
顺 铣

行进策略
层优先

加工顺序
从上向下

余量和精度
加工余量    0
加工精度    0.01    高级

行距和残留高度
行距        1       □ 自适应
残留高度    0.025062

□ 平坦部的等高补加工

确定    取消    悬挂    计算

**图6-64** "等高线精加工"对话框

## 参 数

1."加工参数"选项卡

（1）加工方式  加工方式有"往复"和"单向"两种。

（2）加工方向  加工方向有"顺铣"和"逆铣"两种。

（3）行进策略  行进策略有"层优先"和"区域优先"两种。

（4）加工顺序  加工顺序有"从上向下"和"从下向上"两种。

（5）余量和精度  计算模型的加工轨迹误差须小于输入的加工精度值。

（6）行距和残留高度  填写行距和残留高度参数。

2."区域参数"选项卡

"区域参数"选项卡中包括加工边界、工件边界、坡度范围、高度范围、下刀点、补加工和圆角过渡七项内容，如图6-65所示。

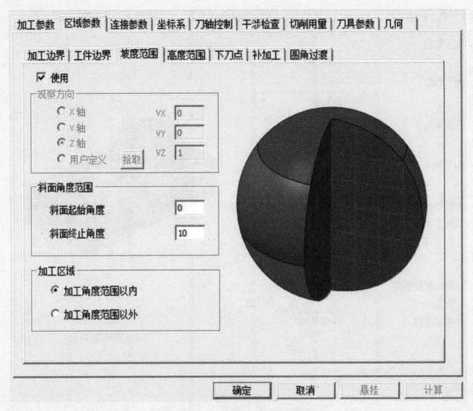

**图6-65 坡度范围参数**

（1）坡度范围参数 选中"使用"复选框后，能够设定斜面角度范围和加工区域，如图6-65所示。

1）斜面角度范围：填写斜面起始角度和斜面终止角度的数值，完成坡度的设定。

2）加工区域：选择所要加工的部位是在加工角度范围以内还是在加工角度范围以外。

（2）下刀点参数。选中"使用"复选框后，能够拾取开始点和设定在后续层开始点选择的方式，如图6-66所示。

1）开始点：加工的起始点。

2）在后续层开始点选择的方式：在移动给定距离后的点处下刀。

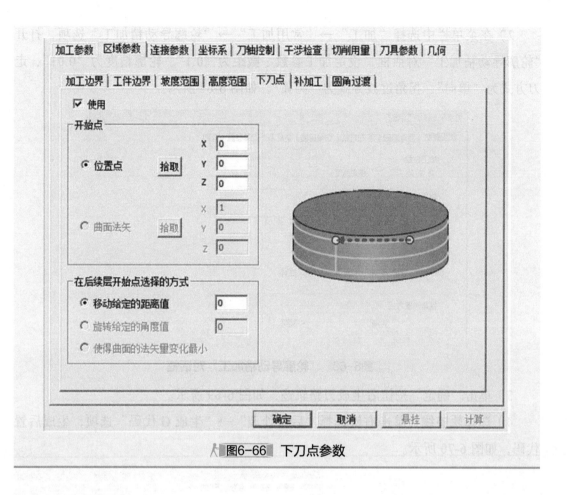

人 图6-66 下刀点参数

## 任务四　数控铣削倒角自动编程

### 任务描述

通过轮廓导动精加工，对线框型倒角进行倒圆加工，如图 6-67 所示。

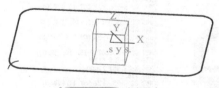

人 图6-67 倒圆角

### 任务实施

1）在空间绘制圆弧线段和导动线。

2）在菜单栏中选择"加工"→"常用加工"→"轮廓导动精加工"选项，打开"轮廓导动精加工"对话框，设定加工参数：截距为"0.1"、轮廓精度为"0.01"、走刀方式为"单向"、拐角过渡方式为"圆弧"，如图 6-68 所示。

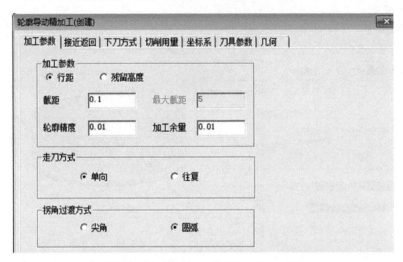

图6-68 "轮廓导动精加工"对话框

3）单击"确定"按钮后生成刀路轨迹，如图 6-69 所示。

4）选择轨迹线，单击右键选择"后置处理"→"生成 G 代码"选项，生成后置代码，如图 6-70 所示。

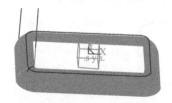

图6-69 轮廓导动精加工刀路轨迹

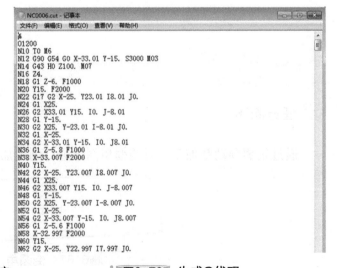

图6-70 生成G代码

## 知识链接

1. 轮廓导动精加工

轮廓导动精加工是指平面轮廓法平面内的截面线沿平面轮廓线导动生成加工轨迹，也可以理解为平面轮廓的等截面导动加工。

（1）轮廓导动精加工的特点

1）造型时，只作平面轮廓线和截面线，不作曲面，简化了造型过程。

2）作加工轨迹时，因为其每层轨迹都是用二维方法来处理的，所以拐角处如果是圆弧，则生成的 G 代码中只有 G02 或 G03，充分利用了机床的圆弧插补功能。因此，其生成的代码最短，但加工效果最好。例如，加工一个半球，用导动加工生成的代码的长度是用其他方式（如参数线）生成的代码长度的几十分之一，甚至上百分之一。

3）生成轨迹的速度非常快。

4）能够自动消除加工中的刀具干涉现象。无论是自身干涉还是面干涉，都可以自动消除，因为其每一层轨迹都是按二维平面轮廓加工来处理的。

5）加工效果最好。由于使用圆弧插补，而且刀具轨迹沿截面线按等弧长分布，所以可以得到很好的加工效果。

6）截面线由多段曲线组成，可以分段加工。

7）可以根据需要选择沿截面线由下往上或由上往下加工。

（2）启动命令的方式　在菜单栏中选择"加工"→"常用加工"→"轮廓导动精加工"选项，弹出图 6-68 所示的"轮廓导动精加工"对话框。其中包括"加工参数""接近返回""下刀方式""切削用量""刀具参数""几何"选项卡。

（3）具体操作步骤

1）填写加工参数表。

2）拾取轮廓线和加工方向。

3）确定轮廓线链搜索方向。

4）拾取截面线和加工方向。

5）确定截面线链搜索方向，单击右键结束拾取。

6）拾取箭头方向以确定加工内侧或外侧。

7）生成刀具轨迹，如图 6-71 所示。

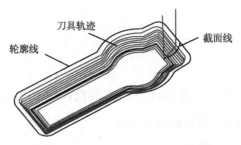

图6-71 导动面加工刀具轨迹

1）轮廓精度：拾取的轮廓有样条时的离散精度。

2）截距：沿截面线上每一行刀具轨迹间的距离，按等弧长分布。

## 注 意

截面线必须在轮廓线的法平面内且与轮廓线相交于轮廓的端点。

2. 曲面轮廓精加工

曲面轮廓精加工功能用来生成沿一个轮廓线的加工曲面的刀具轨迹。

（1）启动命令的方式　在菜单栏中选择"加工"→"常用加工"→"曲面轮廓精加工"选项，弹出图6-72所示的"曲面轮廓精加工"对话框。其中包括"加工参数""接近返回""切削用量""坐标系""刀具参数""几何"选项卡。

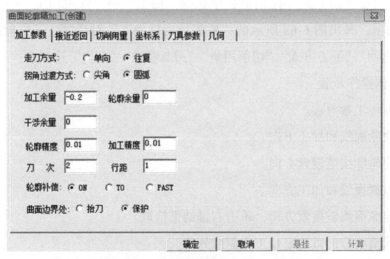

图6-72　"曲面轮廓精加工"对话框

（2）具体操作步骤

1）填写参数表。

2）拾取曲面。填写完参数表格后，单击"确认"按钮，系统提示"拾取曲面"。此时，可用拾取工具菜单选择被加工曲面，然后单击右键结束曲面拾取。

3）拾取轮廓及轮廓走向。拾取完曲面后，系统提示"拾取轮廓"。当拾取到第一条轮廓线后，系统提示"选择轮廓走向"，此方向表示轮廓线的连接方向，即下一条轮廓线与此轮廓线的位置关系。选取完方向后，系统提示"继续选取曲线"。

4）选择区域加工方向。拾取轮廓线时，若轮廓线封闭，则系统自动结束轮廓线拾取状态；若轮廓线不封闭，则可以继续拾取，直至单击右键结束。拾取完所需的轮廓线后，系统提示"选择加工的侧边"，表示加工轮廓线的右边还是左边。

5）生成刀具轨迹。

## 参数

（1）行距和刀次（图6-72）

1）行距：每行刀位之间的距离。

2）刀次：产生的刀具轨迹的行数。

在其他加工方式中，刀次和行距是单选的，最后生成的刀具轨迹只使用其中的一个参数；而在曲面轮廓加工中，刀次和轮廓是关联的，生成的刀具轨迹由刀次和行距两个参数决定。

（2）轮廓精度　拾取的轮廓有样条时的离散精度。

（3）轮廓补偿

1）ON：刀心线与轮廓重合。

2）TO：刀心线未达到轮廓一个刀具半径。

3）PAST：刀心线超过轮廓一个刀具半径。

## 知识拓展

1. 参数线精加工

参数线精加工功能用来生成沿参数线加工轨迹。

（1）启动命令的方式　在菜单栏中选择"加工"→"常用加工"→"参数线精加工"选项，弹出图6-73所示的"参数线精加工"对话框。其中包括"加工参数""接近返回""下刀方式""切削用量""坐标系""刀具参数""几何"选项卡。

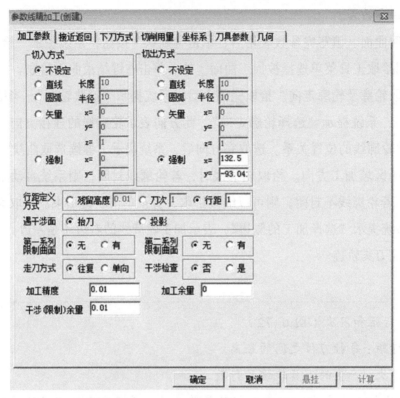

**图6-73** "参数线精加工"对话框

（2）具体操作步骤

1）填写参数表，填写完成后单击"确定"或"悬挂"按钮。

2）系统提示"拾取加工对象"，拾取曲面，拾取的曲面参数线方向要一致，然后单击右键结束拾取。

3）系统提示"拾取进刀点"，拾取曲面角点。

4）系统提示"切换方向"，单击切换加工方向，单击右键结束。

5）系统提示"改变取面方向"，拾取要改变方向的曲面，单击右键结束。

6）系统提示"拾取干涉曲面"，拾取曲面，单击右键结束。

7）系统提示"正在计算轨迹，请稍候"。轨迹计算完成后，在屏幕上出现加工轨迹，同时在加工轨迹树上出现一个新节点。

填写完参数表后，如果单击"悬挂"按钮，则不会有计算过程，屏幕上不出现加工轨迹，仅在轨迹树上出现一个新节点。这个新节点的文件夹图标上有一个黑点，表示这个轨迹还没有计算。右键单击这个轨迹树节点，会弹出一个菜单，启动"轨迹重置"命令可以计算这个加工轨迹。

**参　数**

"加工参数"选项卡（图6-73）中各参数的含义如下。

（1）切入、切出方式（图6-74）

1）不设定：不使用切入、切出。

2）直线：沿直线垂直切入、切出。

3）长度：直线切入、切出的长度。

4）圆弧：沿圆弧切入、切出。

5）半径：圆弧切入、切出的半径。

6）矢量：沿矢量指定的方向和长度切入、切出。

7）x、y、z：矢量的三个分量。

8）强制：强制从指定点直线水平切入到切削点，或者强制从切削点直线水平切出到指定点。

9）x、y：与切削点位于相同高度的指定点的水平位置分量。

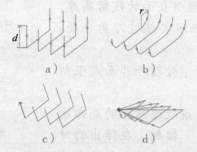

**图6-74　切入、切出方式说明**

a）直线　b）圆弧　c）矢量　d）强制

$d$—直线长度　$r$—圆弧半径

（2）行距定义方式

1）残留高度：切削行间残留量，距加工曲面的最大距离。

2）刀次：切削行的数目。

3）行距：相邻切削行的间隔。

（3）遇干涉面

1）抬刀：通过抬刀，快速移动，下刀完成相邻切削行间的连接。

2）投影：在需要连接的相邻切削行间生成切削轨迹，通过切削移动完成连接。

（4）限制曲面　用于限制加工曲面范围的边界面，其作用类似于加工边界，通过定义第一和第二系列限制曲面，可以将加工轨迹限制在一定的加工区域内。

1）第一系列限制曲面：定义是否使用第一系列限制曲面。

①无：不使用第一系列限制曲面。

②有：使用第一系列限制曲面。

2）第二系列限制曲面：定义是否使用第二系列限制曲面。

①无：不使用第一系列限制曲面。

②有：使用第一系列限制曲面。

（5）走刀方式

1）往复：生成往复的加工轨迹。

2）单向：生成单向的加工轨迹。

（6）干涉检查　定义是否使用干涉检查，以防止过切。

1）否：不使用干涉检查。

2）是：使用干涉检查。

（7）加工精度等

1）加工精度：输入模型的加工精度，计算模型的轨迹误差须小于此值。加工精度越大，模型的形状误差越大，模型表面越粗糙；加工精度越小，模型的形状误差越小，模型表面越光滑。但是，随着轨迹段数目的增多，轨迹数据量将变大，如图6-73所示。

2）加工余量：相对模型表面的残留高度，残留高度可以为负值，但不要超过刀角半径，如图6-73所示。

3）干涉（限制）余量：处理干涉面或限制面时采用的加工余量。

（8）加工坐标系　生成轨迹所在的局部坐标系，单击"加工坐标系"按钮，在弹出的对话框中单击"拾取"按钮，可以从工作区中进行拾取，如图6-75所示。

（9）起始点　刀具的初始位置和沿某轨迹走刀结束后的停留位置，单击"起始点"按钮可以从工作区中进行拾取。

图6-75　"加工坐标系"对话框

**2. 多轴平面精加工**

多轴平面精加工功能用于在平坦部生成平面精加工轨迹。

在菜单栏中选择"加工"→"常用加工"→"多轴平面精加工"选项，弹出图6-76所示的对话框。其中包括"加工参数"区域参数"连接参数""坐标系""刀轴控制""干涉检查""切削用量""刀具参数""几何"选项卡。

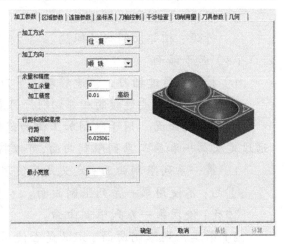

图6-76　"多轴平面精加工"对话框

### 参　数

"加工参数"选项卡中各参数的含义如下。

（1）加工方式。有"往复"和"单向"两种方式。

（2）加工方向

1）顺铣：生成顺铣的加工轨迹。

2）逆铣：生成逆铣的加工轨迹。

（3）余量和精度。与等高线精加工功能中"余量与精度"参数的含义一致。

（4）行距和残留高度

1）行距：XY方向上相邻扫描行间的距离。

2）残留高度：在对话框中设置残留高度。

3. 多轴笔式清根加工

多轴笔式清根加工功能用于生成笔式清根加工轨迹。

在菜单栏中选择"加工"→"常用加工"→"多轴笔式清根加工"选项，弹出图6-77所示的"多轴笔式清根加工"对话框。其中包括"加工参数""区域参数""连接参数""坐标系""刀轴控制""干涉检查""切削用量""刀具参数""几何"选项卡。

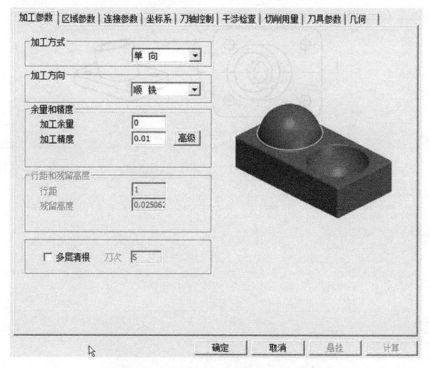

**图6-77** "多轴笔式清根加工"选项卡

## 思考与练习

按图 6-78 所示尺寸完成各零件的三维造型，并进行数控加工设置，生成 G 代码。

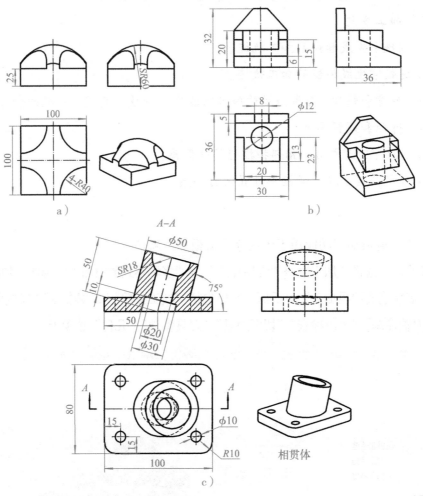

图6-78

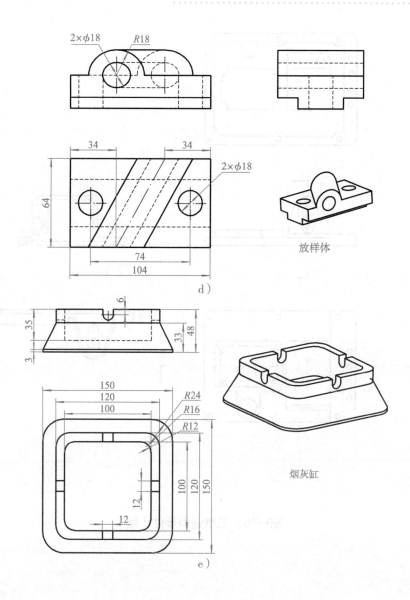

d )

放样体

e )

烟灰缸

**三维造型零件**

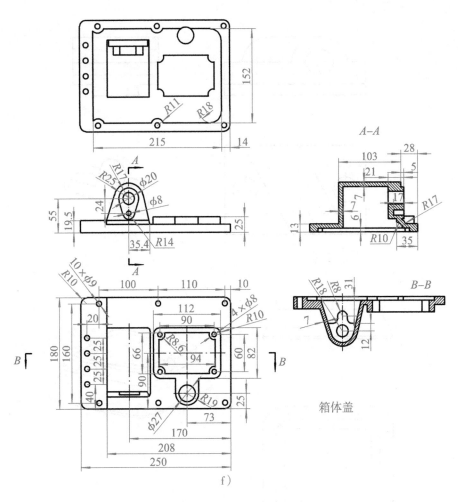

箱体盖

图6-78 三维造型零件（续）

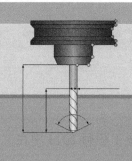

# 项目七

## 孔加工

### 情景导入

孔加工不同于轮廓的粗、精加工，也不同于一般凹槽的加工，它是一个特例，所以有必要单独进行讲解。在 CAXA 制造工程师中，使用孔加工功能可以进行钻孔、扩孔、铰孔、镗孔等加工。

### 项目目标

- 掌握 CAXA 制造工程师中钻孔的方法；
- 掌握 CAXA 制造工程师中镗孔的方法；
- 了解 CAXA 制造工程师中扩孔、铰孔的方法。

| 任务一 | 二维图形钻孔加工 |

## 任务描述

通过二维图形（图7-1）的钻孔加工，掌握CAXA制造工程师2013中在二维图形上钻孔的方法。

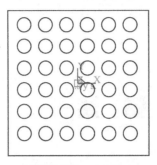

图7-1 二维图形

## 任务实施

1）绘制图7-1所示的二维孔图形。

2）在菜单栏中选择"加工"→"其他加工"→"孔加工"选项，打开"钻孔"对话框，如图7-2所示。

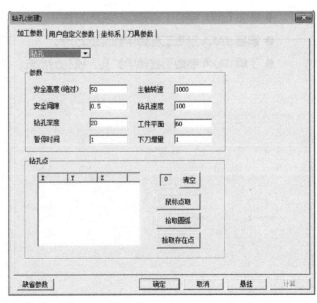

图7-2 "钻孔"对话框

3）在"加工参数"选项卡中，设定主轴转速为"400"、钻孔速度为"50"、工件平面为"60"，如图 7-3 所示。

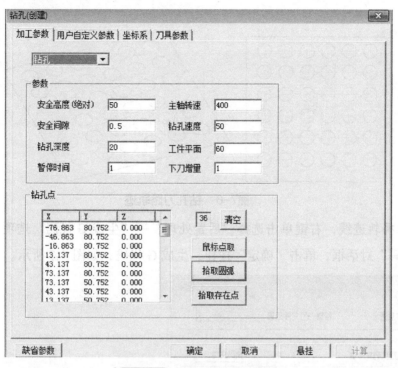

图7-3 设定钻孔加工参数

4）单击"拾取圆弧"按钮，选择图中各孔，如图 7-4 所示，注意选择孔的顺序要符合就近原则。

5）切换到"刀具参数"选项卡，设定孔直径为"10"，如图 7-5 所示。

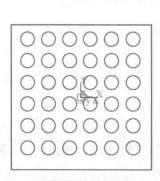

图7-4 选择孔

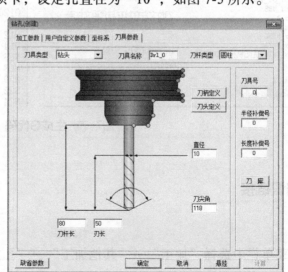

图7-5 "刀具参数"选项卡

6）单击"确定"按钮，系统生成钻孔刀路轨迹，如图7-6所示。

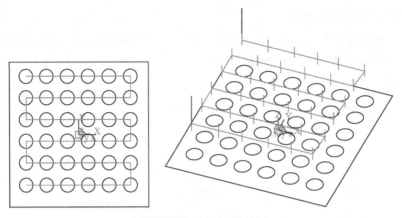

图7-6 钻孔刀路轨迹

7）选择轨迹线，右键单击选择"后置处理"→"生成G代码"选项，出现"生成后置代码"对话框，单击"确定"按钮，生成G代码，如图7-7所示。

图7-7 生成G代码

## 知识链接

### 孔加工

在菜单栏中选择"加工"→"其他加工"→"孔加工"选项，弹出图7-2所示的"钻孔"对话框。

参 数

"加工参数"选项卡中各参数的含义如下。

（1）参数

1）安全高度：刀具在此高度以上的任何位置，均不会碰伤工件和夹具。

2）主轴转速：机床主轴的转速。

3）安全间隙：快速下刀到达的位置，即刀具与工件表面间的距离，由这一点开始按钻孔速度进行钻孔。

4）钻孔速度：钻孔刀具的进给速度。

5）钻孔深度：孔的加工深度。

6）工件平面：刀具初始位置。

7）暂停时间：刀具在工件底部停留的时间。

8）下刀增量：孔钻时，每次钻孔深度的增量值。

（2）钻孔点

1）鼠标点取：可以根据需要输入点的坐标，确定孔的位置。

2）拾取圆弧：拾取图形中的圆弧，确定孔的位置。

3）拾取存在的点：拾取图形中的存在的点，确定孔的位置。

## 任务二　三维实体钻孔加工

### 任务描述

通过三维实体（图7-8）的钻孔加工，掌握CAXA制造工程师2013中在三维实体上钻孔的方法。

图7-8　三维实体

### 任务实施

1）绘制图 7-8 所示的三维实体。

2）选择毛坯，建立毛坯，如图 7-9 所示。

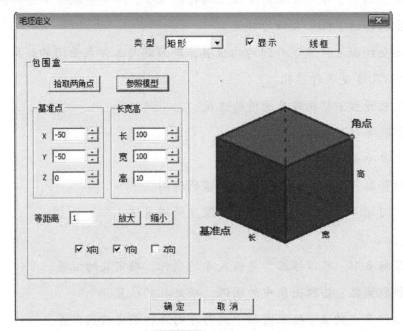

图7-9 建立毛坯

3）在菜单栏中选择"加工"→"其他加工"→"孔加工"选项，打开"钻孔"对话框。

4）设置相关参数，单击"确定"按钮，系统提示"选择孔"，按【Space】键，选择"圆心"方式，选择圆心，如图 7-10 所示。

5）单击右键，生成钻孔刀路轨迹，如图 7-11 所示。

图7-10 选择"圆心"方式

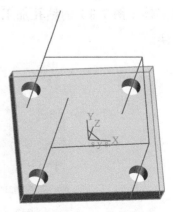

图7-11 钻孔刀路轨迹

6）选取钻孔轨迹，单击右键选择后置处理，生成 G 代码，如图 7-12 所示。

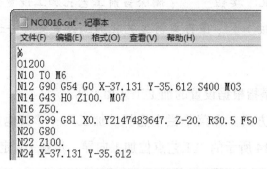

```
NC0016.cut - 记事本
文件(F) 编辑(E) 格式(O) 查看(V) 帮助(H)
%
O1200
N10 TO M6
N12 G90 G54 G0 X-37.131 Y-35.612 S400 M03
N14 G43 H0 Z100. M07
N16 Z50.
N18 G99 G81 X0. Y2147483647. Z-20. R30.5 F50
N20 G80
N22 Z100.
N24 X-37.131 Y-35.612
```

**图7-12** 生成G代码

## 知识链接

1. 工艺钻孔设置

在菜单栏中选择“加工”→“其他加工”→“工艺钻孔设置”选项，弹出图 7-13 所示的“工艺钻孔设置”对话框。

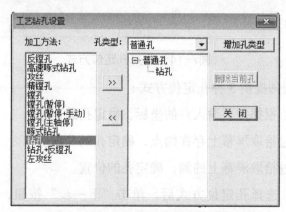

**图7-13**　“工艺钻孔设置”对话框

### 参数

1）加工方法：提供了 12 种孔加工方式，分别为反镗孔 G87、高速啄式钻孔 G73、攻螺纹 G84、精镗孔 G76、镗孔 G85、镗孔（暂停）G89、镗孔（暂停＋手动）G88、镗孔（主轴停）G86、啄式钻孔 G83、钻孔 G81、钻孔＋反镗孔 G82 和左攻螺纹 G74。

2）“添加”按钮：将选中的孔加工方式添加到工艺孔加工设置文件中。

3）“删除”按钮：将选中的孔加工方式从工艺孔加工设置文件中删除。

4）“增加孔类型”按钮：设置新工艺孔加工设置文件的文件名。

5）"删除当前孔"按钮 删除当前孔 ：删除当前工艺孔加工设置文件。

6）"关闭"按钮 关闭 ：保存当前工艺孔加工设置文件并退出。

#### 2. 工艺孔加工

工艺孔加工功能是指根据设置的加工工艺加工孔。

（1）选择孔定位方式。在菜单栏中选择"加工"→"其他加工"→"工艺孔加工"选项，弹出图7-14所示的"工艺点位加工向导 步骤1/4定位方式"对话框。

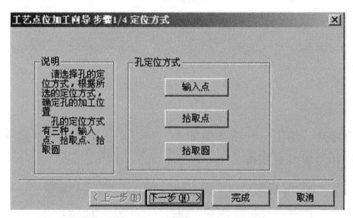

**图7-14** 选择孔定位方式

CAXA制造工程师提供3种孔定位方式：

1）输入点：可以根据需要输入点的坐标，确定孔的位置。

2）拾取点：通过拾取屏幕上存在的点，确定孔的位置。

3）拾取圆：通过拾取屏幕上的圆，确定孔的位置。

（2）路径优化 选择孔定位方式后，单击"下一步"按钮，弹出"点位加工向导 步骤2/4路径优化"对话框如图7-15所示。

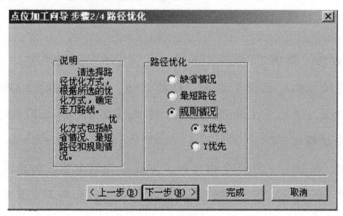

**图7-15** 路径优化

1）缺省情况：不进行路径优化。

2）最短路径：依据拾取点间距离和的最小值进行优化。

3）规则情况：主要用于矩形阵列，有以下两种方式。

①X优先：依据各点X坐标值的大小排列，如图7-16a所示。

②Y优先：依据各点Y坐标值的大小排列，如图7-16b所示。

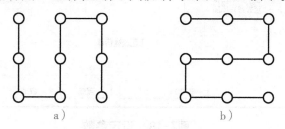

a）　　　　　　　　　　　　　b）

**图7-16**　规则情况

a）X优先　b）Y优先

（3）选择孔类型。进行路径优化后，单击"下一步"按钮，弹出"工艺钻孔加工向导　步骤3/4 选择孔类型"对话框，如图7-17所示，在其中选择已经设计好的工艺文件。

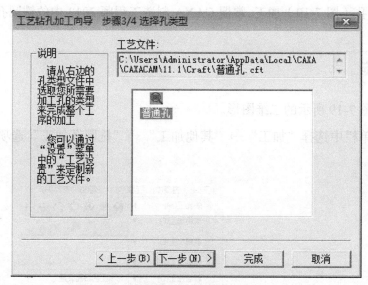

**图7-17**　选择孔类型

（4）设定参数　选择孔类型后，单击"下一步"按钮，弹出"工艺钻孔加工向导　步骤4/4 设定参数"对话框，如图7-18所示。用户可以在其中设置每个钻孔子项的参数。

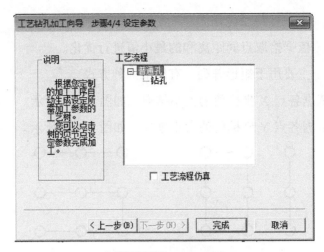

图7-18 设定参数

## 任务三　铣圆孔加工

### 任务描述

通过铣圆孔（图 7-19）加工，掌握 CAXA 制造工程师 2013 中的铣圆孔方法。

### 任务实施

1）绘制图 7-19 所示的二维图形。

2）在菜单栏中选择"加工"→"其他加工"→"铣圆孔加工"选项，如图 7-20 所示。

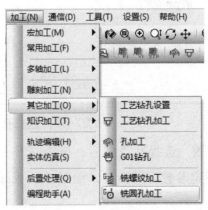

图7-19　圆孔　　　　图7-20　"铣圆孔加工"命令

3）系统弹出"铣圆孔加工"对话框，如图 7-21 所示，在其中设置刀具为铣刀，确定切削用量和铣圆孔参数，选择"顺铣"，输入孔深 20mm 和行距 2mm。

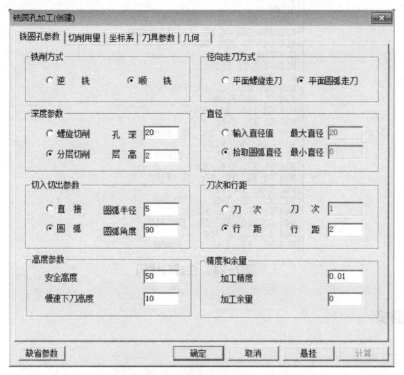

图7-21 "铣圆孔加工"对话框

4）单击"确定"按钮，选择圆，如图 7-22 所示。

5）单击右键，生成铣圆孔刀路轨迹，如图 7-23 所示。

图7-22 选择圆     图7-23 铣圆孔刀路轨迹

6）选取铣圆孔轨迹，单击右键选择后置处理，生成 G 代码，如图 7-24 所示。

NC0017.cut - 记事本

文件(F) 编辑(E) 格式(O) 查看(V) 帮助(H)

```
%
O1200
N10 T0 M6
N12 G90 G54 G0 X0. Y0. S800 M03
N14 G43 H0 Z50. M07
N16 Z10.
N18 G1 Z-2. F100
N20 X2.
N22 G17 G3 I-2. J0. F50
N24 G1 X4. F100
N26 G3 I-4. J0. F50
N28 G1 X1. Y-5.
N30 G3 X6. Y0. I0. J5. F100
N32 I-6. J0. F50
N34 X1. Y5. I-5. J0. F2000
N36 G1 X3. Y-5. F50
N38 G3 X8. Y0. I0. J5. F100
N40 I-8. J0. F50
N42 X3. Y5. I-5. J0. F2000
N44 G1 X5. Y-5. F50
N46 G3 X10. Y0. I0. J5. F100
N48 I-10. J0. F50
N50 X5. Y5. I-5. J0. F2000
```

**图7-24** 生成G代码

## 知识链接

### 一、工艺清单

在CAXA制造工程师2013中，根据模板，可以输出多种风格的工艺清单。模板可以自行设计制定。

#### 1.命令启动方式

在菜单栏中选择"加工"→"工艺清单"选项，弹出图7-25所示的"工艺清单"对话框。

（1）指定目标文件的文件夹　设定生成工艺清单文件的位置。

（2）填写参数　填写零件名称、零件图图号、零件编号、设计、工艺、校核等参数。

（3）选择模板　系统提供了8个模板供用户选择。

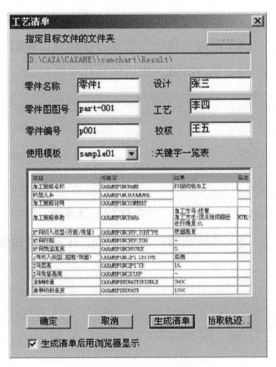

**图7-25** 工艺清单

1）sample01：关键字一览表中提供了几乎所有生成加工轨迹相关参数的关键字，包括明细表参数、模型、机床、刀具起始点、毛坯、加工策略参数、刀具、加工轨迹、NC数据等。

2）sample02：NC数据检查表与关键字一览表相似，只是少了关键字说明。

3）sample03~sample08：系统默认的用户模板区，用户可以自行设计自己的模板，制定方法见后文。

（4）拾取轨迹 单击"拾取轨迹"按钮后，可以拾取相关的若干条加工轨迹，拾取后单击右键确认，会重新弹出工艺清单的主对话框。

（5）生成清单 轨迹树中有选中的轨迹（√），如图7-26所示。单击"生成清单"按钮后，系统会自动进行计算并生成工艺清单。

图7-26 工艺清单

2. 制定模板

为了满足用户对不同风格工艺清单模板的需求，CAXA制造工程师2013提供了一套关键字机制，用户结合网页制作，合理使用这些关键字，就可以生成各种风格的模板。

根据模板组(<CAXA制造工程师安装文件夹>\camchart\Template内的文件夹)中的模板文件，通过更换定义的关键字来输出加工工艺参数到指定文件夹。

（1）模板文件格式 模板文件采用允许网页文件(.htm,.html)和文本文件(.txt)两种格式，推荐使用网页文件。

（2）模板制作工具 模板制作工具Word、Dreamweaver、Frontpage等都可以编辑网页文件。

注意：模板一般由表格来规划，所以用户只需掌握如何适当地规划表格即可，并不需要掌握专家级的网页制作技巧。

（3）使用关键字 在模板文件中，如果想在表格的某一个单元格内显示需要的内容，可以在相应的单元格内填写表示该内容的关键字。关键字的格式为
$关键字$。

1）关键字要使用大写字母。

2）表示示意图的关键字如下：

①模型示意图 :CAXAMEMODELIMG。

②毛坯示意图 :CAXAMEBLOCKIMG。

③ NC 数据示意图 :CAXAMENCIMG。

④轨迹示意图 :CAXAMEPATHIMG。

⑤刀具示意图 :CAXAMETOOLIMAGE。

直接使用这些关键字，系统默认的图像大小为 $200 \times 200$（宽度 × 高度）（单位：像素），如果想要调整图像的大小，可以在这些关键字后加上"– 宽度 – 高度"。

例如，CAXAMEMODELIMG–450–600 表示大小为 450 像素 × 600 像素的模型示意图的关键字。

### 3. 循环标签

输出工程中的加工策略、刀具、轨迹、NC 数据表等时，可以使用循环标签。循环标签有且仅有 1 对：

<!--$CAXAME-LOOP$--><!--/$CAXAME-END-LOOP$-->

1 个模板文件中只能使用 1 对循环标签，循环标签中能使用的关键字请参照关键字一览表的模板文件。

### 4. 系统支持的关键字

（1）关键字一览表（表 7-1）

表 7-1  关键字一览表

| 项目 | 关键字 |
| --- | --- |
| 零件名称 | CAXAMEDETAILPARTNAME |
| 零件图图号 | CAXAMEDETAILPARTID |
| 零件编号 | CAXAMEDETAILDRAWINGID |
| 生成日期 | CAXAMEDETAILDATE |
| 设计人员 | CAXAMEDETAILDESIGNER |
| 工艺人员 | CAXAMEDETAILPROCESSMAN |
| 校核人员 | CAXAMEDETAILCHECKMAN |
| 全局刀具起始点 X | CAXAMEMACHHOMEPOSX |
| 全局刀具起始点 Y | CAXAMEMACHHOMEPOSY |
| 全局刀具起始点 Z | CAXAMEMACHHOMEPOSZ |
| 全局刀具起始点 | CAXAMEMACHHOMEPOS |
| 模型示意图 | CAXAMEMODELIMG |
| 模型框最大 | CAXAMEMODELBOXMAX |
| 模型框最小 | CAXAMEMODELBOXMIN |
| 模型框长度 | CAXAMEMODELBOXSIZEX |
| 模型框宽度 | CAXAMEMODELBOXSIZEY |

（续）

| 项目 | 关键字 |
| --- | --- |
| 模型框高度 | CAXAMEMODELBOXSIZEZ |
| 模型框基准点 X | CAXAMEMODELBOXMINX |
| 模型框基准点 Y | CAXAMEMODELBOXMINY |
| 模型框基准点 Z | CAXAMEMODELBOXMINZ |
| 模型注释 | CAXAMEMODELCOMMENT |
| 模型示意图所在路径 | CAXAMEMODELFFNAME |
| 毛坯示意图 | CAXAMEBLOCKIMG |
| 毛坯框最大 | CAXAMEBLOCKBOXMAX |
| 毛坯框最小 | CAXAMEBLOCKBOXMIN |
| 毛坯框长度 | CAXAMEBLOCKBOXSIZEX |
| 毛坯框宽度 | CAXAMEBLOCKBOXSIZEY |
| 毛坯框高度 | CAXAMEBLOCKBOXSIZEZ |
| 毛坯框基准点 X | CAXAMEBLOCKBOXMINX |
| 毛坯框基准点 Y | CAXAMEBLOCKBOXMINY |
| 毛坯框基准点 Z | CAXAMEBLOCKBOXMINZ |
| 毛坯注释 | CAXAMEBLOCKCOMMENT |
| 毛坯类型 | CAXAMEBLOCKSOURCE |
| 毛坯示意图所在路径 | CAXAMEBLOCKFFNAME |

（2）策略参数关键字一览表（表7-2）。

表7-2 策略参数关键字一览表

| 项目 | 关键字 |
| --- | --- |
| 加工策略顺序号 | CAXAMEFUNCNO |
| 加工策略名称 | CAXAMEFUNCNAME |
| 标签文本 | CAXAMEFUNCBOOKMARK |
| 加工策略说明 | CAXAMEFUNCCOMMENT |
| 加工策略参数 | CAXAMEFUNCPARA |
| XY 向切入类型（行距 / 残留） | CAXAMEFUNCXYPITCHTYPE |
| XY 向行距 | CAXAMEFUNCXYPITCH |
| XY 向残留高度 | CAXAMEFUNCXYCUSP |
| Z 向切入类型（层高 / 残留） | CAXAMEFUNCZPITCHTYPE |
| Z 向层高 | CAXAMEFUNCZPITCH |
| Z 向残留高度 | CAXAMEFUNCZCUSP |
| 主轴转速 | CAXAMEFEEDRATESPINDLE |
| 慢速下刀速度 | CAXAMEFEEDRATESLOWPLUNGE |
| 切入切出连接速度 | CAXAMEFEEDRATELINK |
| 切削速度 | CAXAMEFEEDRATE |
| 退刀速度 | CAXAMEFEEDRATEBACK |
| 安全高度 | CAXAMEAIRCLEARANCE |
| 安全高度模式 | CAXAMEAIRCLEARANCEMODE |

（续）

| 项目 | 关键字 |
| --- | --- |
| 加工余量 | CAXAMESTOCKALLOWANCE |
| 加工精度 | CAXAMETOLERANCE |
| 起始点 | CAXAMEFUNCHOMEPOSITION |
| 加工坐标系 | CAXAMEFUNCWCS |

（3）轴移动参数关键字一览表（表 7-3）。

表 7-3　轴移动参数关键字一览表

| 项目 | 关键字 |
| --- | --- |
| NC 顺序编号 | CAXAMENCNO |
| 日期 | CAXAMENCDATE |
| NC 图片 | CAXAMENCIMG |
| NC 总时间 /min | CAXAMENCTIME |
| NC 总长度 /mm | CAXAMENCLEN |
| NC 切削时间 /min | CAXAMENCCUTTINGTIME |
| NC 切削长度 /mm | CAXAMENCCUTTINGLEN |
| NC 快速移动时间 /min | CAXAMENCRAPIDTIME |
| NC 快速移动长度 /mm | CAXAMENCRAPIDLEN |
| X 最大 | CAXAMENCCUTTINGMAXX |
| Y 最大 | CAXAMENCCUTTINGMAXY |
| Z 最大 | CAXAMENCCUTTINGMAXZ |
| X 最小 | CAXAMENCCUTTINGMINX |
| Y 最小 | CAXAMENCCUTTINGMINY |
| Z 最小 | CAXAMENCCUTTINGMINZ |
| 绝对 / 相对 | CAXAMENCABSINC |

（4）轨迹参数关键字一览表（表 7-4）。

表 7-4　轨迹参数关键字一览表

| 项目 | 保留字 |
| --- | --- |
| 轨迹顺序编号 | CAXAMEPATHNO |
| 轨迹名称 | CAXAMEFUNCNAME |
| 轨迹示意图 | CAXAMEPATHIMG |
| 轨迹总加工时间 /min | CAXAMEPATHTIME |
| 轨迹总加工长度 /mm | CAXAMEPATHLEN |
| 轨迹切削时间 /min | CAXAMEPATHCUTTINGTIME |
| 轨迹切削距离 /mm | CAXAMEPATHCUTTINGLEN |
| 轨迹快速移动时间 /min | CAXAMEPATHRAPIDTIME |
| 轨迹快速移动长度 /mm | CAXAMEPATHRAPIDLEN |

（5）刀具参数关键字一览表（表7-5）。

表7-5　刀具参数关键字一览表

| 项目 | 关键字 |
| --- | --- |
| 刀具顺序号 | CAXAMETOOLNO |
| 刀具名 | CAXAMETOOLNAME |
| 刀具类型 | CAXAMETOOLTYPE |
| 刀具号 | CAXAMETOOLID |
| 刀具补偿号 | CAXAMETOOLSUPPLEID |
| 刀具直径 | CAXAMETOOLDIA |
| 刀角半径 | CAXAMETOOLCORNERRAD |
| 刀尖角度 | CAXAMETOOLENDANGLE |
| 刀刃长度 | CAXAMETOOLCUTLEN |
| 刀柄长度 | CAXAMETOOLSHANKLEN |
| 刀柄直径 | CAXAMETOOLSHANKDIA |
| 刀具全长 | CAXAMETOOLTOTALLEN |
| 刀具示意图 | CAXAMETOOLIMAGE |

二、生成模板

生成模板功能用来记录用户已经成熟或定型的加工流程，在模板文件中记录加工流程中各个工步的加工参数。

1）在菜单栏中选择"加工"→"知识加工"→"生成模板"选项，如图7-27所示。

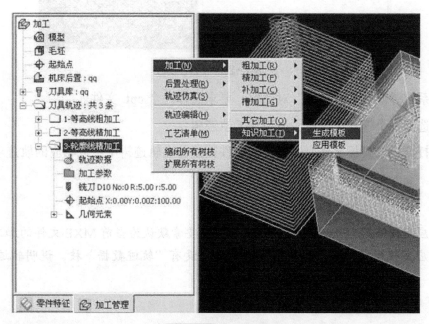

图7-27　生成模板

2）系统提示"拾取轨迹"，拾取所需要的加工轨迹，单击右键结束拾取。

3）系统弹出"文件存储"对话框，要求输入要保存的文件名，后缀为 cpt.。

4）选中的若干轨迹生成模板文件 *.cpt.。模板文件只保存轨迹的加工参数和刀具参数，不保存几何参数。

### 三、应用模板

应用模板功能用于选定知识加工模板，并将其应用到新的加工模型上。

1）在菜单栏中选择"加工"→"知识加工"→"应用模板"选项，如图 7-28 所示。

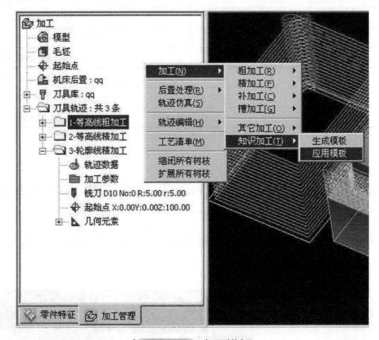

图7-28  应用模板

2）系统弹出"打开文件"对话框，要求选择一个 cpt. 文件。

3）选择一个模板文件后，出现加工轨迹树。

4）打开一个模板文件，系统读取文件数据并在轨迹树中生成相应的轨迹项。

1）应用模板后，系统新生成轨迹项的几何要素默认为当前 MXE 文件的加工模型。

2）应用模板后，若系统新生成的轨迹项没有"轨迹数据"枝，说明轨迹需要重新生成。

**知识拓展**

轨迹编辑功能用于编辑生成的加工轨迹。在菜单栏中选择"加工"→"轨迹编辑"选项，弹出的菜单如图 7-29 所示。

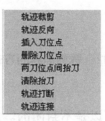

**图7-29** 轨迹裁剪

轨迹编辑中有"轨迹裁剪""轨迹反向""插入刀位点""删除刀位点""两刀位点间抬刀""清除抬刀""轨迹打断""轨迹连接"功能。

（1）轨迹裁剪 轨迹裁剪是指用曲线（称为剪刀曲线）对刀具轨迹进行裁剪。该功能共有三个选项，即裁剪边界、裁剪平面和裁剪精度，如图 7-30 所示。

轨迹裁剪边界形式有三种：在曲线上、不过曲线、超过曲线。可以在命令行中选择任意一种，如图 7-31 所示。

**图7-30** 曲线编辑菜单

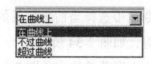

**图7-31** 轨迹裁减命令行

1）在曲线上：轨迹裁剪后，临界刀位点在剪刀曲线上。

2）不过曲线：轨迹裁剪后，临界刀位点未到剪刀曲线，投影距离为一个刀具半径。

3）超过曲线：轨迹裁剪后，临界刀位点超过裁剪线，投影距离为一个刀具半径。

以上三种裁剪边界的方式如图 7-32 所示。

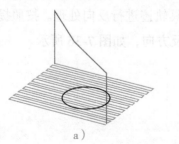
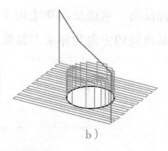

a)　　　　　　　　　　　b)

**图7-32** 裁剪边界的方式

a）原始刀具轨迹　b）在曲线上

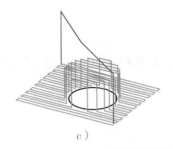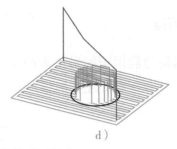

c）　　　　　　　　　　　　d）

**图7-32**　裁剪边界的方式（续）

c）不过曲线　d）超过曲线

剪刀曲线可以是封闭的，也可以是不封闭的。对于不封闭的剪刀曲线，系统自动将其卷成封闭曲线。原则是沿不封闭的曲线两端切矢各延长 100 个单位，再沿裁剪方向垂直延长 1000 个单位，然后将其封闭，如图 7-33 所示。

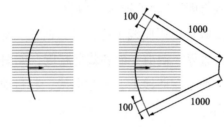

**图7-33**　剪刀曲线

在坐标命令框中选择当前坐标系的 XY、YZ、ZX 面。可以在命令行中选择在哪个面上进行裁剪，如图 7-34 所示。

裁剪精度由立即菜单给出（图 7-35），表示当剪刀曲线为圆弧和样条时，用此裁剪精度离散该剪刀曲线。

**图7-34**　选择平面命令行　　　**图7-35**　裁剪精度立即菜单

（2）轨迹反向　轨迹反向功能用于对刀具轨迹进行反向处理。按照提示拾取刀具轨迹后，刀具轨迹的方向为原来刀具轨迹的反方向，如图 7-36 所示。

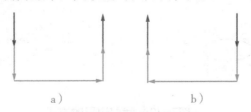

a）　　　　　　　　　　b）

**图7-36**　轨迹反向处理

a）原轨迹　b）变换后的轨迹

（3）插入刀位点　插入刀位点是指在刀具轨迹上插入一个刀位点，使轨迹发生变化。插入刀位点的方式有两种：一种是在拾取轨迹的刀位点前插入新的刀位点，另一种是在拾取轨迹的刀位点后插入新的刀位点。可以在立即菜单中选择"前"还是"后"，来决定插入刀位点的位置，如图7-37所示。

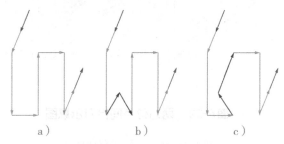

a）　　　　　　　　　　b）　　　　　　　　　　c）

**图7-37**　插入刀位点的位置

a）原始刀具轨迹　　　b）选择"前"产生的刀具轨迹　　　c）选择"后"产生的刀具轨迹

（4）删除刀位点　删除刀位点是指删除所选的刀位点，并改动相应的刀具轨迹。删除刀位点后改动刀具轨迹有两种方式：一种是抬刀，另一种是直接连接，可以在立即菜单中进行选择。

1）抬刀。在删除刀位点后，删除和此刀位点相连的刀具轨迹，刀具轨迹在此刀位点的上一个刀位点切出，并在此刀位点的下一个刀位点切入，如图7-38b所示。

2）直接连接。在删除刀位点后，刀具轨迹将直接连接此刀位点的上一个刀位点和下一个刀位点，如图7-38c所示。

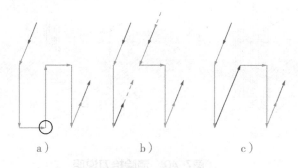

a）　　　　　　　　　　b）　　　　　　　　　　c）

**图7-38**　删除刀位点

a）原始刀具轨迹（画圆圈　　b）选择抬刀后的　　　c）选择直接连接
处为要删除的刀位点）　　　　刀具轨迹　　　　　　后的刀具轨迹

（5）两刀位点间抬刀　选中刀具轨迹，然后按照提示先后拾取两个刀位点，则删除这两个刀位点之间的刀具轨迹，并按照刀位点的先后顺序分别成为切出起始点和切入结束点，如图7-39所示。

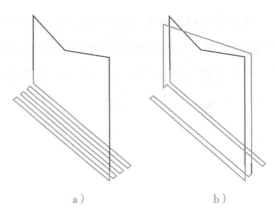

图7-39 两刀位点间抬刀示意图

a）抬刀前　　b）抬刀后

 注 意

不能够把切入起始点、切入结束点和切出结束点作为要拾取的刀位点。

（6）清除抬刀　此轨迹编辑命令有全部删除和指定删除两种选择，可在命令行中进行选择。

1）全部删除。选择此命令后，根据提示选择刀具轨迹，则所有的快速移动线被删除，切入起始点和上一条刀具轨迹线直接相连，如图7-40b所示。

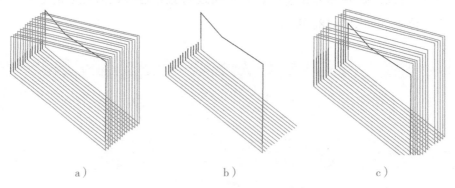

图7-40 清除抬刀说明

a）原始刀具轨迹　　b）全部删除后的刀具轨迹　　c）指定删除后的刀具轨迹

2）指定删除。选择此命令后，根据提示选择刀具轨迹，然后拾取轨迹的刀位点，则经过此刀位点的快速移动线被删除，经过此点的下一条刀具轨迹线将直接和下一个刀位点相连，如图7-40c所示。

选择"指定删除"时,不能拾取切入结束点作为要抬刀的刀位点。

（7）轨迹打断 轨迹打断是指在被拾取的刀位点处把刀具轨迹分为两个部分。首先拾取刀具轨迹,然后拾取轨迹要被打断的刀位点,如图7-41所示。

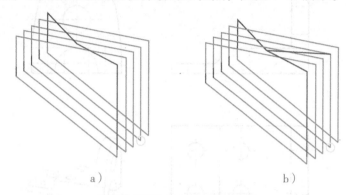

**图7-41** 轨迹打断示意图

a）原始刀具轨迹（圆圈为要拾取的点） b）打断后的刀具轨迹

（8）轨迹连接 轨迹连接是指把两条不相干的刀具轨迹连接成一条刀具轨迹。轨迹连接方式有抬刀连接和直接连接两种,如图7-42所示。

1）抬刀连接。第一条刀具轨迹结束后,首先抬刀,然后和第二条刀具轨迹的接近轨迹连接,其余刀具轨迹不发生变化。

2）直接连接。第一条刀具轨迹结束后,不抬刀就和第二条刀具轨迹的接近轨迹连接,其余刀具轨迹不发生变化。因为不抬刀,所以很容易发生过切。

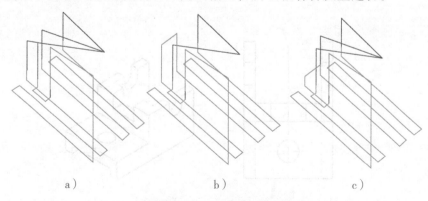

a） b） c）

**图7-42** 轨迹连接示意图

a）原始刀具轨迹 b）抬刀连接 c）直接连接

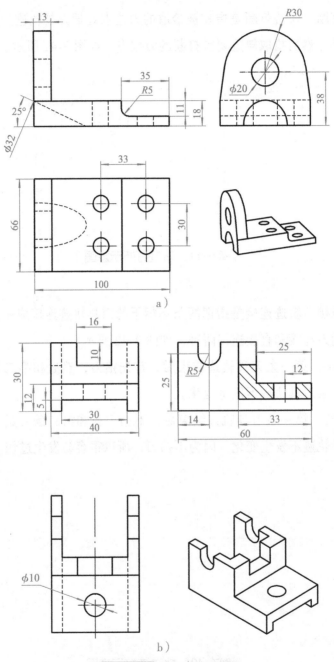

## 思考与练习

根据图 7-43，进行各零件的三维实体造型，然后对其中的孔进行加工。

a)

b)

**图7-43** 实体造型零件

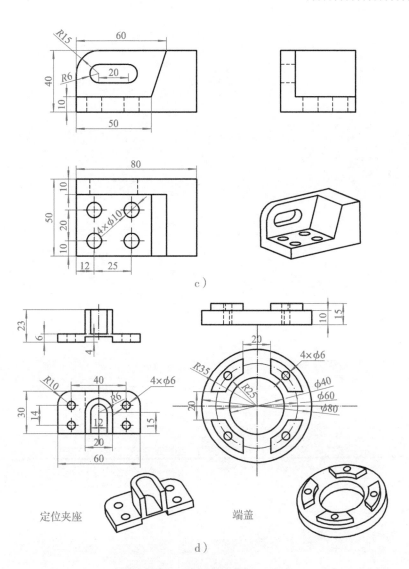

c )

定位夹座　　　　　　　　端盖

d )

图7-43　实体造型零件（续）

# 项目八

## 图像浮雕加工

### 情景导入

　　图像浮雕加工是区别于数控铣削的一种加工工艺，可以用于图像、文字的雕刻。CAXA制造工程师的浮雕加工功能操作简单方便，受到了操作者的喜爱。

### 项目目标

● 了解 CAXA 制造工程师 2013 的浮雕功能。
● 掌握 CAXA 制造工程师 2013 中图像浮雕功能的操作方法。

| 任务一 | 花朵图像浮雕加工 |
| --- | --- |

## 任务描述

在 CAXA 制造工程师 2013 中导入花朵图像，对其进行浮雕加工，如图 8-1 所示。

图8-1 花朵图像导入

## 任务实施

1）在菜单栏中选择"加工"→"雕刻加工"→"图像浮雕加工"选项，如图 8-2 所示。

2）打开"图像浮雕加工"对话框，输入相关加工参数，如图 8-3 所示。

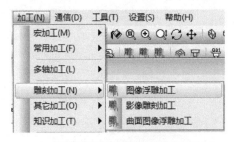

图8-2 图像浮雕加工命令

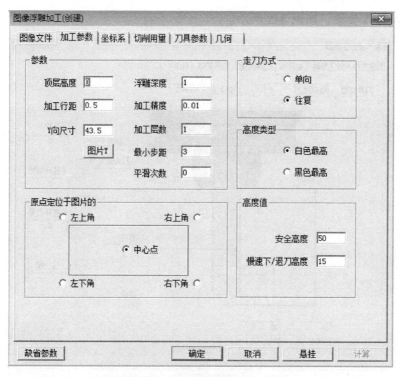

**图8-3** "图像浮雕加工"对话框

3）输入切削用量，如图 8-4 所示。

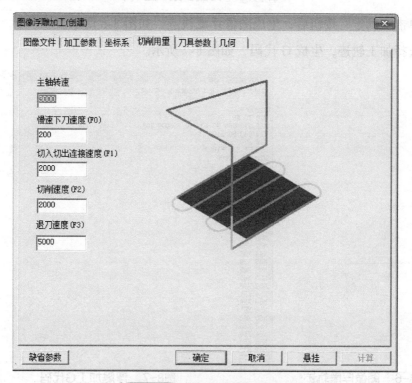

**图8-4** "切削用量"选项卡

4）输入刀具参数，如图 8-5 所示。

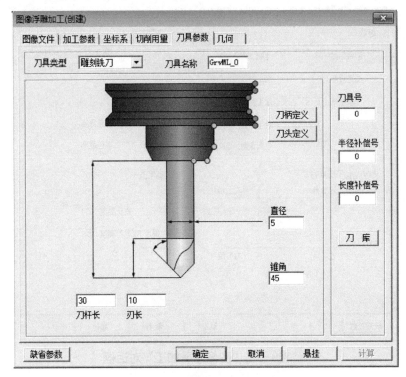

图8-5 "刀具参数"选项卡

图8-5 "刀具参数"选项卡

5）单击"确定"按钮后，生成图像浮雕轨迹，如图 8-6 所示。

6）选择加工轨迹，生成 G 代码，如图 8-7 所示。

图8-6 图像浮雕轨迹

图8-7 浮雕加工G代码

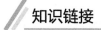

## 知识链接

### 图像浮雕加工

读入 *.bmp 格式灰度图像，生成图像浮雕加工刀具轨迹，雕刻深度随灰度图片明暗的变化而变化。

1）在菜单栏中选择"加工"→"雕刻加工"→"图像浮雕加工"选项，弹出图8-1所示的对话框，提示用户选择位图文件。

2）选择需要的位图文件后，单击"打开"按钮，屏幕上将出现所选择的位图图像并弹出"图像浮雕加工"对话框，如图8-3所示。

### 参　数

"加工参数表"选项卡（图8-3）中各参数的含义如下。

（1）参数

1）顶层高度：定义浮雕加工时材料的上表面高度，一般均为零。

2）浮雕深度：定义浮雕切削深度。

3）加工行距：定义浮雕加工中两行刀具轨迹之间的距离。

4）加工精度：用于输入模型的加工精度。计算模型的轨迹误差应小于此值。加工精度的设定值越大，模型的形状误差越大，模型表面越粗糙；加工精度的设定值越小，模型的形状误差越小，模型表面越光滑。但是，轨迹段的数目增多，轨迹数据量将随之变大。

5）Y向尺寸：定义加工出的浮雕产品的Y向尺寸。

6）加工层数：当加工深度较深时，可设置分层下刀。（最大高度－最小高度）/加工层数＝每层下刀深度。

7）平滑次数：使轨迹线更加平滑。

8）最小步距：刀具走刀的最小步长，小于"最小步长"的走刀将被删除。

（2）走刀方式

1）往复：在刀具轨迹行数大于1时，行之间的刀具轨迹方向可以往复。

2）单向：在刀次大于1时，同一层的刀具轨迹沿着同一方向进行加工。

（3）高度值

1）安全高度：刀具在此高度以上的任何位置，均不会碰伤工件和夹具。

2）慢速下/退刀高度：刀具在此高度时，进行慢速下/退刀。

📢 注 意

由于图像浮雕的加工效果基本上由图像的灰度值决定，因此，浮雕加工的关键在于原始图形的建立。用扫描仪输入的灰度图，其灰度值一般不够理想，需要用图像处理软件（如 Photoshop 等）对其灰度进行调整，这样才能获得比较好的加工效果。因此，进行图像浮雕加工时，操作者应有一定的图像灰度处理能力。

### 任务二　人物图像浮雕加工

## 任务描述

在 CAXA 制造工程师 2013 中导入人物图像，对其进行浮雕加工，如图 8-8 所示。

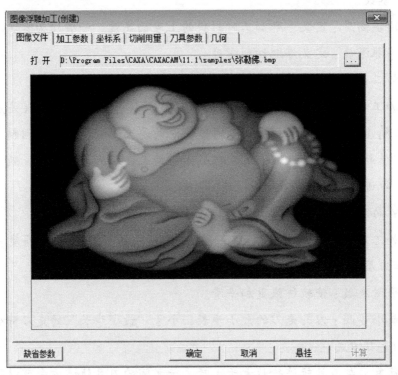

图8-8　人物图像导入

## 任务实施

1）在菜单栏中选择"加工"→"雕刻加工"→"图像浮雕加工"选项，如图 8-8 所示。

2）打开"图像浮雕加工"对话框，输入相关加工参数，如图 8-9 所示。

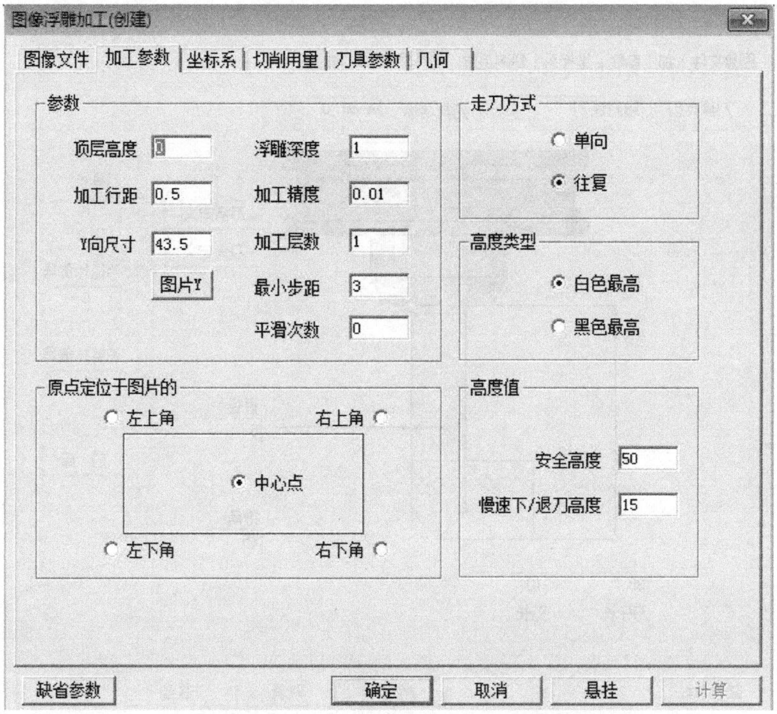

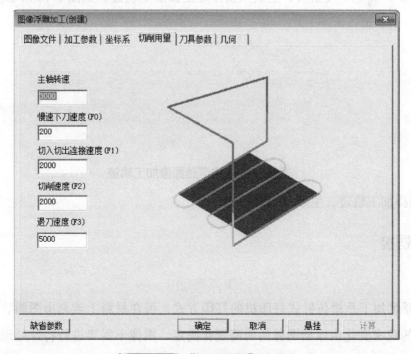

图8-9 "图像浮雕加工"对话框

3）输入切削用量，如图 8-10 所示。

图8-10 "切削用量"选项卡

4）输入刀具参数，如图 8-11 所示。

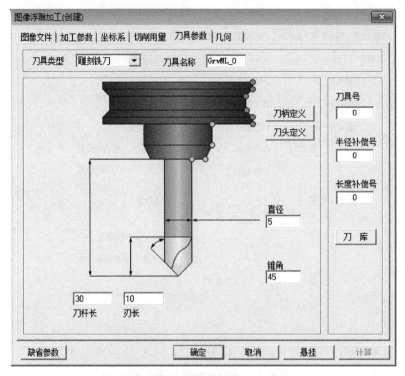

图8-11 "刀具参数"选项卡

5）单击"确定"按钮后，生成人物浮雕图像加工轨迹，如图 8-12 所示。

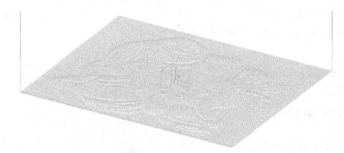

图8-12 人物浮雕图像加工轨迹

6）选择加工轨迹，生成 G 代码。

## 知识链接

### 影像浮雕加工

影像浮雕加工是模仿针式打印机的打印方式，可在材料上雕刻出图画、文字等。刀具打点的疏密变化由原始图像的明暗变化决定。图像不需要进行特殊处理，只要有一张原始图像，就可以生成影像雕刻路径。

1）在菜单栏中选择"加工"→"雕刻加工"→"影像浮雕加工"选项，弹出图8-13 所示的"影像浮雕加工"对话框。

图8-13　"影像浮雕加工"对话框

2）选择好位图文件后，单击"打开"按钮，屏幕上将弹出"影像浮雕"选项卡。

### 参数

"影像浮雕"选项卡中各参数的含义如下。

1）起始高度：用于定义进行加工时刀具的初始高度。

2）抬刀高度：影像雕刻时刀具的运动方式与针式打印机打印头的运动方式类似，刀具不断地抬落刀，在材料表面上打点。抬刀高度用来定义刀具打完一个点后向另一个点运动时的空走高度。

3）雕刻深度：定义打点深度。

4）图像宽度：定义生成的刀具路径在 X 方向的尺寸。

5）反转亮度：系统默认在浅色区打点，图像颜色越浅的地方，打点越多。反之，如果使反转亮度图像颜色越深的地方，打点越多。

6）有效：图像颜色越深的地方，打点越多。

7）效果预览：单击"效果预览"按钮，屏幕上会弹出雕刻效果示意图，用户可在屏幕上看到影像雕刻的大体效果。

8）雕刻模式：雕刻模式可分为5级灰度、10级灰度和17级灰度，如图8-14所示；还可分为抖动模式、拐线模式和水平线模式，如图8-15所示。这几种雕刻模式的雕刻效果和雕刻效率有所不同，其中水平线模式的加工速度最快，17级灰度的加工效果最好，抖动模式兼顾了雕刻效果和雕刻效率。用户在进行实际雕刻时，可按照加工效果和加工效率的要求选择不同的雕刻模式。

a)　　　　　　　　　　b)　　　　　　　　　　c)

图8-14 雕刻模式（一）

a）5级灰度　　　b）10级灰度　　　c）17级灰度

a)　　　　　　　　　　b)　　　　　　　　　　c)

图8-15 雕刻模式（二）

a）抖动模式　　　b）拐线模式　　　c）水平线模式

 注 意

影像雕刻的图像尺寸应和刀具尺寸相匹配。简单地说，大图像应该用大刀雕刻，小图像应该用小刀雕刻。如果刀具尺寸与图像尺寸不匹配，则可能不能生成理想的刀具路径。

## 知识拓展

### 曲面投影图像浮雕加工

曲面投影图像浮雕加工是指读入 *.bmp 格式的灰度图像，生成图像浮雕加工刀具轨迹的加工方法。刀具的雕刻深度随灰度图片明暗的变化而变化。

1）在菜单栏中选择"加工"→"雕刻加工"→"曲面投影图像浮雕加工"选项，弹出图 8-8 所示的对话框，提示用户选择位图文件。

2）选择需要的位图文件后，单击"打开"按钮，屏幕上将出现所选择的位图图像并弹出"曲面投影图像浮雕加工"对话框。

3）"曲面投影图像浮雕加工"对话框中的参数与"图像浮雕加工"对话框中的参数一致。

## 思考与练习

根据图 8-16 所示的甲壳虫图像，通过相关的浮雕操作生成 G 代码，并进行轨迹校验。

**图8-16**　甲壳虫图像

# 参 考 文 献

[1]康亚鹏. CAXA 制造工程师 2008 数控加工自动编程［M］. 北京：机械工业出版社，2011.

[2]张国新. 模具 CAD/CAM［M］. 北京：机械工业出版社，2011.

[3]姬彦巧. CAXA 制造工程师 2011 实例教程［M］. 北京：北京大学出版社，2012.

[4]张 建. CAXA 制造工程师 2008 实用教程［M］. 北京：化学工业出版社，2012.

[5]汪荣青. 数控编程与操作［M］. 北京：化学工业出版社，2009.

[6]汪荣青. 数控考工实训［M］. 北京：北京大学出版社，2008.

[7]汪荣青. 数控加工工艺［M］. 北京：化学工业出版社，2011.

[8]戴乃昌. 机械 CAD［M］. 杭州：浙江大学出版社. 2012.

[9]肖善华. CAXA 制造工程师 2011 任务驱动实训教程［M］. 北京：清华大学出版社，2012.

[10]刘向东. CAXA2013 机械设计基础应用［M］. 北京：人民邮电出版社，2013.